你一年的 8760 小时

成功的人与你一样，每天只有 24 小时，每年只有 8760 个小时

他们的杰出，源于善于利用时间，懂得管理时间，让时间发挥最大效率

张艳玲 / 编

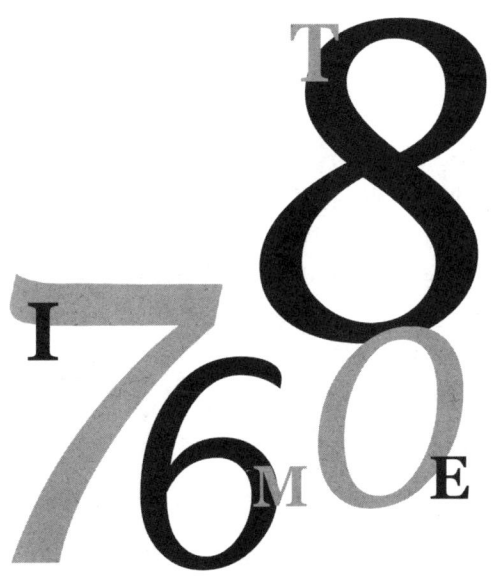

民主与建设出版社

·北京·

© 民主与建设出版社，2021

图书在版编目（CIP）数据

你一年的 8760 小时 / 张艳玲编 . —北京：民主与建设出版社，
2015.10（2021.4 重印）

ISBN 978-7-5139-0854-2

Ⅰ . ①你… Ⅱ . ①张… Ⅲ . ①成功心理—通俗读物Ⅳ . ① B848.4-49

中国版本图书馆 CIP 数据核字（2015）第 251146 号

你一年的 8760 小时
NI YINIAN DE 8760 XIAOSHI

编　　者	张艳玲
责任编辑	王　颂
封面设计	天下书装
出版发行	民主与建设出版社有限责任公司
电　　话	（010）59417747　59419778
社　　址	北京市海淀区西三环中路 10 号望海楼 E 座 7 层
邮　　编	100142
印　　刷	三河市同力彩印有限公司
版　　次	2015 年 10 月第 1 版
印　　次	2021 年 4 月第 2 次印刷
开　　本	710 毫米 ×944 毫米　1/16
印　　张	13
字　　数	130 千字
书　　号	ISBN 978-7-5139-0854-2
定　　价	45.00 元

注：如有印、装质量问题，请与出版社联系。

前 言 | PREFACE

　　2014 年春晚,王铮亮一曲《时间都去哪儿了》引发人们对时间的热议和深思,一度甚嚣尘上,成为热门话题。是啊,时间都去哪儿了? 当我们四处追寻时间的时候,却发现时间就在我们的追寻中轻巧而过,看着垂髫变白发,红颜成沧桑,才恍然明白,时间,它一直都在啊! 我们的人生由一秒一分组成一小时,然后小时又构成一天,再构成一月,最后汇聚成年,年成了大的时间循环点,也成了我们人生重要阶段的阶梯记录,挥写成我们人生的编年体史书。

　　每一个年底总结就像人生的一张张试卷,得分多少全在你每一个小时的努力,得意失意尽在 8760 个小时中,时间也愈发在人生中明晰起来,我们才明白原来每一个小时都如此重要,因为那是我们点滴生命的构成。

　　最初关于时间最大的震撼来自朱自清的《匆匆》:

　　"早上我起来的时候,小屋里射进两三方斜斜的太阳。太阳他有脚啊,轻轻悄悄地挪移了;我也茫茫然跟着旋转。于是——洗手的时候,日子从水盆里过去;吃饭的时候,日子从饭碗里过去;默默时,便从凝然的双眼前过去。我觉察他去的匆匆了,伸出手遮挽时,他又从遮挽的手边过去,天黑时,我躺在床上,他便伶伶俐俐地从我身上跨过,从我脚边飞去了。等我睁开眼和太阳再见,这算又溜走了一日。我掩面叹息。但是新来的日子的影儿又开始在叹息里闪过了。"

　　就这样,日子在我们无意识和有意识中来去如飞,无从追寻,无从遮挽,唯一能做的便是如朱先生般遮面叹息,而时间却轻巧地在你的叹息中一去不复返。初次读到这段文字,很是让人触目惊心,一度慌然失措,甚至不知道该如何过日子，慢慢地才懂得，只要珍惜时间，让人生变得有意义，就无愧于生命。

每次回首的瞬间，都会让我们产生一种错觉，仿佛世界在每一个小时都在发生着日新月异的变化，只要稍一停滞，便会被时间抛弃，那种失措的不确定性，使人们的心理面临着前所未有的巨大压力，因此人们不得不开始快节奏的生活，忙着吃饭，忙着工作，忙着睡觉，……忙，成了我们的口头禅，忙，成了我们人生的主旋律，却不知道自己究竟在忙什么，时间总是不够用，没空吃饭，没空睡觉，没空看电影，没空陪家人，没空……我们盲目地忙碌着，就像一个陀螺，在人生的轨道上旋转，却找不到意义所在。但我们从未想过人生为什么会变成这样，好像并没有浪费时间，可是在这些时间里我们都做了什么？

我们以前看过太多珍惜时间的格言和名人名言，我们时刻记得要珍惜时间，但一切都是徒劳，时间就像指间的沙，在我们握紧拳头的时候，已从指缝溜走。我们常常发现，曾经的梦想、曾经的愿望在我们成长的时间里已被风干成记忆，依旧只是存在于我们的脑海中，因为有大把时间的时候我们没有钱，而有大把钱的时候，我们却没有了时间，这让我们茫然困惑，时间和金钱孰轻孰重？

有人说时间是最公平的，因为时间面前人人平等，所以不要让我们平等的时间流逝在无谓的事情上。想一想，别人的一小时是怎么度过的，我们的一小时是怎么度过的？别人的8760小时取得了怎样的成就，我们的8760小时有什么收获？为什么别人干的是领导的活，我们却只能做"老黄牛"？

所以在人生前行的道路上，我们需要像曾子那样"吾日三省吾身"：是否今日事今日毕；是否做了无用功；是否晕乎乎一事无成。若是"省悟"了这些，我们是不是会有事半功倍的收获？

"时间，就像海绵里的水，只要你挤，总是有的。"一年有8760个小时，总会挤出时间做我们一直想做，并且喜欢做的事，区别只在于，我们如何安置我们的时间。相信我，只要你想，时间真的有。

目　录

3

第一章

时间，如此被分割

　　这是一件令人苦恼的事情，不管我们有多么努力，时间却总是不够用。时间的拮据使我们的生活变得一塌糊涂，我们甚至没有时间享受我们的创造。是的，时间与我们的生命相生相伴，然而我们却抓不住时间的本质。我们甚至不知道，我们的时间究竟哪里去了……

01 关于时间和空间的猜想

子在川上曰：逝者如斯夫，不舍昼夜。

——《论语·子罕》

过去不复存在，未来尚未存在，现在转瞬即逝。自古以来，不知多少人问过：时间是什么？我们在哪里？

在我们追寻本书的命题——"你的时间哪里去了"之前，让我们先来仔细阅读当代最重要的广义相对论家、宇宙学家史蒂芬·霍金那辉煌的《时间简史》第二章"空间和时间"中的一段话：

"牛顿运动定律使在空间中的绝对位置的观念寿终正寝。而相对论摆脱了绝对时间。考虑一对双生子，假定其中一个孩子去山顶上生活，而另一个留在海平面，第一个将比第二个老得快。这样，如果他们再次相会，一个会比另一个更老。在这种情形下，年纪的差别非常小。但是，如果有一个孩子在以近于光速运动的空间飞船中作长途旅行，这种差别就会大得多。当他回来时，他会比留在地球上的另一个人年轻得多。这叫做双生子佯谬。但是，只是对于头脑中仍有绝对时间观念的人而言，这才是佯谬。在相对论中并没有一个唯一的绝对时间，相反的，每个人都有他自己的时间测度，这依赖于他在何处并如何运动。

"1915年之前，空间和时间被认为是事件在其中发生的固定舞台，而它们不受在其中发生的事件的影响。即便在狭义相对论中，这也是对的。物体运动、力相互吸引并排斥，但时间和空间则完全不受影响地延伸着。空间和时间很自然地被认为无限地向前延伸。

"然而在广义相对论中，情况则相当不同。这时，空间和时间变成为动力量：当一个物体运动时，或一个力起作用时，它影响了空间和时间的曲率；反过来，时空的结构影响了物体运动和力作用的方式。空间和时间不仅去影响、而且被发生在宇宙中的每一件事所影响。正如一个人不用空间和时间的概念不能谈宇宙的事件一样，同样地，在广义相对论中，在宇宙界限之外讲空间和时间是没有意义的。

"以后的几十年中，对空间和时间的这种新理解是对我们的宇宙观的变革。古老的关于基本上不变的、已经存在并将继续存在无限久的宇宙的观念，已为运动的、膨胀的并且看来是从一个有限的过去开始并将在有限的将来终结的宇宙的观念所取代。这个变革正是下一章的内容。几年之后，它又是我研究理论物理的起始点。罗杰·彭罗斯和我证明了，爱因斯坦广义相对论可推断出，宇宙必须有个开端，并可能有个终结。"

看懂了吗？说实话，尽管在中国，有很多很多的人痴迷于史蒂芬·霍金的学说，很多人家华丽的书架上都以摆着史蒂芬·霍金伟大的《时间简史》而自豪，这当然也包括我和我那些喜欢附庸风雅的朋友们。但我们不得不相信，普通人没有几个能真正读懂它。特别是关于时间和空间，你怎样理解它们？

还是举一个中国古老的故事吧，也许它能让我们对时间和空间有一个生动的认识：

相传，很久以前有两个兄弟。一天，弟弟在天台山放羊，遇到一位道人，道人带他到石室山，修炼 40 年。其间，哥哥四处寻找弟弟，后遇见道人，知道了弟弟的去处，兄弟俩重新在天台山相聚，悲喜交加。哥问弟所放羊何在，弟弟告诉他在治岑，两兄弟来到治岑山间，弟弟挥手指向白石，叫一声"羊起"，顿时，漫山遍野的白羊，有几万头。此时，哥哥才知道弟弟已经成仙。兄弟俩于是一起在天台山学仙道，以松脂茯苓为食，500 年后得道成仙。弟取名赤松子，哥取名赤须子，兄弟俩在天台峰弈棋、百丹坪炼丹。一天，二人来到石室山，在青霞洞天前布局弈棋，晋朝樵夫王质到山上伐木，看见两兄弟下棋，就放下斧头在一旁观棋，有一个兄弟给他一颗像枣核一样的东西，让他含在嘴里，樵夫王质顿感清爽，不再觉得饥渴。一局棋毕，王质挑薪准备回家，却看到斧柄已经烂尽。回到家中，也

发现家人早已不在人世。实际上,他看到的已经是几个世代以后的人了。

观棋烂柯的传说流传了上千年,就像史蒂芬·霍金的时间理论一样,不同的人有不同的理解。而我们通常的理解当然是:人都活在有限的时间和空间中。而且就我们的经验而言,时间是义无反顾地流逝,所有关于时间的概念,诸如"流逝""绵延""一日千里""白驹过隙""光阴似箭""曾几何时""星移斗转"等词汇,丝毫不在意我们的主观感受。为了度量时间,我们的祖先发明了日历,于是人类有历史,个人有年龄。年龄代表一个人从出生到现在所拥有的时间。人类又生活在一定的空间之中。时间代表着一个一去不复返的过程,空间与时间是密不可分、互相影响的。

在有限的时间和空间中,我们常常不知所措。人们苦苦地追寻和苦思,却得不到回答,又被时间永远地带走了,不知被带向何方……

你为什么没有时间?你的时间哪里去了?

02 时间,你抓得住吗

时间的步伐有三种:未来姗姗来迟,现在像箭一样飞逝,过去永远静立不动。

——德国诗人 席勒

清晨,一串铃声突然响起,你从一个美梦中醒来,条件反射般地从床上跳起,洗漱,穿衣,冲出家门,以最快的速度赶上一辆就要开走的公共汽车,喘着粗气,站在那里。你的意识还没有完全清醒,你便开始工作了,直到夕阳西下的时候,你拖着一身的疲惫回家……

这样的场景你是不是无数次地亲历过? 在竞争越来越激烈的社会,我们的生活变得和闹钟一样准确而没有个性。

每个人都带着时间来到人间,无论生命的长短,每个人的一年都是

你一年的8760小时

365天,每一天都是24小时,每个小时也都只有60分钟。这一点是非常公平的。然而,我们似乎总在抱怨没有时间。

"我得赶快把午饭吃完,下午两点我还要到那个客户那里去,本来是上周就要去的,因为别的事耽误了……"

"哎呀,不行啊,我不能去看你了,我叫快递给你送去一些保健品,你好好养病,我实在是没有时间,找个时间一定去看你啊……"

"老婆啊,对不起,不能回家陪你吃晚饭了,公司还有个重要的会议……"

"这才几天,我的肚子就鼓起来了,我真该去健身了。该死的,这段时间太忙了……"

这些话,很熟悉吧?我们经常听到身边的人说,甚至成了一些人的口头禅。也许在你看这段话的时候,身边的人可能正在打电话,对你的朋友或家人说着上面的话!

我们像被鞭子抽打的陀螺,转,转,转……没完没了的事情一件接一件,不论哪件,看起来似乎都很重要,都需要自己去尽快地完成,否则便会心有不安。

于是,当有人问我们最近忙什么的时候,我们会不假思索地说"瞎忙"。瞎忙,意味着这一段时间做过的事情太多,无法全部讲出来,更可能是我们真的无法说出我们都做了些什么,虽然每天劳碌奔波一刻不停息。我们还没有来得及弄清楚都做了些什么,太阳已经隐在了楼群的后面,又到了周末,又到了月底,恍然之间,一年竟又过去了大半!

所以,有人说时间就像飞快旋转的轮子一样,轮子旋转一周,时间过了一周。周一是轮底,启动的时候总是那么艰难,周末是轮顶,不经意间就滑了下去。忙碌的时候,轮子转得太快,自己记不清转了多少圈;空闲的时候,轮子转的太慢,也不在意会转几圈。

童年时总希望轮子转快些,青春时总希望轮子转慢些,中年时由于忙碌已经没时间和轮子叫劲,老年时已经忘了还有属于自己的年轮。人生就在这无尽的年轮中诞生,成长,衰老,死亡……循环往复。

我们从小就听懂了这个谜语：

有个人问他的朋友，世界上什么东西最长又最短？最快又最慢？最能分割而又最广大无边？最不受重视而又最值得惋惜？没有它什么事情都做不成，它能使一切渺小的东西灭绝，让不平凡的东西永垂不朽。

朋友回答他说："是时间，因为最长莫过于永远无穷尽，最短也只是一瞬间、一眨眼。"时间让很多人的计划、事情都来不及做。

时间是如此的重要，如此的宝贵，而在时间面前，我们却常常感觉束手无策。

是不是对时间感到恐惧呢？是的，它是如此的不可把握，完全不理会我们的意愿。那些看似"重要的而又必须去做"的事情，消耗了我们太多的时间和精力，让我们内心那些对生活的美妙幻想变得遥不可及。

多少个深夜，我们守在灯下，不甘心一天就此结束。然而，即使我们通宵不眠，一天还是结束了。我们没有任何办法留住时间。

时间，你抓得住吗？

03　一天要做多少事

必须记住我们学习的时间是有限的。时间有限，不只由于人生短促，更由于人事纷繁。

——英国哲学家　斯宾塞

我多么愿意和圣奥古斯丁一起歌颂上帝："你的岁月无往无来，永是现在，我们的昨天和明天都在你的今天之中过去和到来。"我多么希望世上真有一面永恒的镜子，其中映照着被时间劫走的我的一切珍宝，包括我的生命。

人生的秘密尽在时间，时间的魔法和骗术，也是时间的真相和实质。

你一年的8760小时

时间把种种妙趣赐给人生:回忆,幻想,希望,遗忘……还有永远也忙不完的各种各样的俗世的事务。

你是否有过这样的经历,下班了,你却不得不继续留在办公室。工作表上还有未处理的事情,你不得不打电话到餐厅订餐,或者忍饥挨饿地工作。或者你是哪个歌星的铁杆儿粉丝,今天是他在你们这个地区的演唱会的最后一场,而你在上个月已经订好了演唱会的票!

怎么办? 离开还是留下? 最终,你在手机上找出朋友的电话,告诉他你要加班,没办法去听演唱会了。然后,再给演唱会的售票处打电话,告诉他们你要退票,自然又要损失若干的金钱。可是,有什么办法呢? 工作没有做完,不加班怎么行呢?

我们一天究竟要做多少事呢? 相信很多人都有这样的问题。

我的一位朋友是戴尔(中国)的一名高级销售经理。到目前为止,他已在那里工作了3年。丰厚的收入,漂亮的妻子,舒适而宽敞的住房,高档的轿车,什么都不缺。他才刚刚30岁,取得了这样骄人的成绩,让周围的朋友们艳羡不止。可是,我的这位朋友曾经一度抱怨连天。

刚进入戴尔时,这位朋友意气风发,满怀壮志,想要干出一番大事业。可仅仅半年的时间,他便开始考虑自己的去留。他对我说得最多的几个字就是"累啊"。

他问我每天都在做什么,我说早上起来先做30分钟的运动,然后上班,有什么事就做什么事,然后下班,周末了打扫房间,约上朋友逛街,或者去上课,陪猫咪玩儿,看影碟……

他感慨地说:"你生活得可真幸福啊,这么悠闲,我却不能,我现在只觉得疲惫不堪。"

他向我这样描述他的生活:"每天早上7点起床,先浏览邮件,然后洗把脸,到外面等公司的班车。开始的时候,我觉得好快活,在戴尔的办公区,是可以无线上网的,我可以抱着心爱的手提电脑,坐在窗边,看街上的行人,喝着咖啡,收客户的邮件,接听他们的电话。可是,现在的感觉完全不同! 每天中午1点钟,公司的例会,每个小组谈上午任务完成的情况,下午的工作计划。下班以后,还要开会,依然是完成的任务和将要去完成的任务。我们每天面对的就是数字,销售出去的电脑的数量,客户的数量,利润率……"

"手提电脑和手机都是公司的,报销上网费报销通话费,可是,我要24小时开机!你瞧,现在都凌晨1点了,我还在家里工作,邮箱里还有未读的新邮件,可能一会儿还会有公司的同事或者客户打电话过来要我解决他们的问题!"

"当初进戴尔的时候,你不就是冲着那里的高薪吗?"

"是啊,现在我常常在想,我这样做是不是值得。在以前的那家公司,收入没有现在高,下班了可以陪女友逛街,和朋友吃饭,打球,游泳,可是现在,这一切全都没有了。我的生活只有两个伙伴,手机和笔记本电脑。哈,它们的作用就是让我永远地与客户和公司保持联络,我现在根本没有自己的生活,我甚至无法享受金钱带来的愉悦。"

他那一段时间的博客,字里行间透露着无尽的困惑。他搞不懂自己

的一天究竟要做多少事情才算合适。他向往张弛有度的生活,却无法做到,因而也就时常说:累啊,人在职场,身不由己。

大家对他报以极大的同情,想给他一点安慰,却不知道从何说起。想

你一年的8760小时

要"轻松度过每一天",没有放之四海而皆准的理论,只有自己慢慢地去体味时间的真谛。

在这个生活节奏日益加快的时代,"轻松度过每一天"几乎成为人们的梦想,而工作压力过大则成了人们最沉重的包袱,成为无法承受之重。

美国《财富》杂志曾经报道过企业高级主管紧张生活的实例。高级主管在一天中是十分忙碌的,电话不断,会议连连,很多时候甚至吃饭时都有人向他汇报工作。这叫早餐汇报或者午餐汇报。这些高级主管们,既要有宏观眼光思考公司的长远战略,又要聚精会神地盯着公司的琐事。这让高级主管们不胜其劳。我们国内的白领们不是也过着这样劳心劳力的生活吗?试想一下,哪个白领能轻松度过每一天呢?这还是一个时间管理的问题。

一般来说,一个人的时间主要可以划分为以下几个部分:

·工作时间

工作是每个人的谋生手段,是财富的主要来源,是一个人的使命所在。一个人的大部分时间都要在工作中度过,这是任何人都无法改变的命运。可见,工作时间在一个人的一天中是最重要的。所以,必须利用好工作时间,在工作中创造更好的业绩,提高工作效率。

·家庭时间

如果说工作时间是第一位的,那么家庭时间就是第二位的,甚至可以和工作时间画等号。家是温馨的港湾,是一个人毕生经营的事业。家人是我们最亲的人,在家里,我们才能感到真正的放松和愉悦,所以,有时我们宁愿放弃单位组织的出国旅游机会,也要和家人一起度过哪怕是平平淡淡的时光。

·学习时间

在这个飞速发展的时代,每个人都必须学习,不学习,就无法跟上时代的脚步,就会被时代所淘汰。在一天中安排出一定的时间给自己充充电是极其必要的。

·思考时间

我们不仅要工作，要学习，更要认真地思考自己每一天的收获与经验，如何才能使自己不断进步，变得更加完善，更要为自己未来的发展有个清醒的认识，就算是毫无目的的天马行空般的想象，也许对你都是一件非常有意义的事。一定不要忘了，一旦你发现了一些好的想法，请立刻把它记下来。

·休闲时间

休闲时间当然是那些工作、学习以外的比较轻松的时间。现代意义上的休闲除了传统上的睡眠外，还应该包括适当的健身、娱乐。休息能够恢复体力，休息好了，人才会工作。要懂得放松，要养成良好的睡眠、休闲以及运动习惯，该工作的时候工作，该休息的时候休息，有劳有逸，才是生活的最佳状态。

"吾日三省吾身。"孔子的学生曾子说过的话曾经被后人津津乐道。想想看，古人真让人羡慕，他们怎么有那么多的时间进行那么精妙的哲学思考啊。在现代社会，快节奏的生活让我们鲜有这样的情致，但"一省"却是不难做到的。当夜色降临，伴着一杯香茗，不妨回想一下：即将逝去的一天，我都做了什么……这是每天都要做的功课，你会这样问自己：

·我今天的工作是否向目标前进了一步？

·我今天学到了什么新知识？

·我有没有忽略了重要的活动？

·所有的创意和构思都记录在工作日志上了吗？

·给自己怎样的奖励？

·明天如何计划？

通过类似的自我发问，然后找到缺点和不足之处，进而加以改进，你的工作就会有条不紊地进行，你就不会感到那么忙乱了。

04　有多少时间在做无用功

你热爱生命吗？那么别浪费时间，因为时间是构成生命的材料。

——美国政治家、思想家　富兰克林

很久以前，有一群理想远大的老鼠，它们由于深受猫的侵害感到非常苦恼，于是有一天，它们聚集在一起开会，商量用什么办法来对付猫的骚扰，以求平安。会上，老鼠们大发感慨，各抒己见，但它们的见解和主张都被一一否决了。

会议持续了很长时间，老鼠们都有点累了。

最后，一只小老鼠站起来提议说，可以在猫的脖子上挂个铃铛，这样的话，只要听到铃铛一响，大家就知道猫来了，便可马上逃跑。大家对他的建议报以热烈的掌声，并一致通过。

这时，有只坐在一旁始终没吭声的年老的老鼠站起来说："这孩子提出的办法确实绝妙，它应该是非常稳妥的。但还有一个难题需要解决，那就是谁去把铃铛挂到猫的脖子上呢？"

老鼠们听了，面面相觑，谁都不再说话了。

很多时候，我们就像这一群老鼠，没完没了地开会，写报告，做计划，搞策划，可是，你有没有想过真正有效的会议到底有几次呢？

快要下班了，阳光斜洒在办公室里，忙碌了一天的主管忽然来到办公室，兴致勃勃地提议："待会儿我们聚一聚，谈一谈有关我们这个部门的发展问题，大家都畅所欲言。"于是，没有人正常下班回家，有人大谈自己昨天的一段难忘的艳遇，也有人胸怀天下，滔滔不绝地谈论着美国的次贷危机，阿富汗的反恐怖战争……时间分分秒秒地过去了，直到人们筋疲力尽，才发现时针已经指向 22 点。

有多少次打着会议的幌子在聚众聊天? 没有人统计过。

其实,我们经常抱怨没有时间,很大程度上是因为我们对时间的管理不够科学。想想看,在我们的日常工作中,有多少时间是在做无用功呢? 下面所列出的 20 个问题,是在工作时间内可能会出现的问题,不妨参考一下,是不是在你身上也存在呢? 假如有 8 个在你的身上出现,那真的是很可怕了。

· 手机响个不停,都是私人电话,聊起来没完没了;

· 日程之外的会议,对工作毫无益处;

· 办公桌杂乱无章,找个文件要半天时间;

· 经常替别人做事,把自己的事拖在后面;

· 同一时间,有好几种想法和尝试;

· 对时间的期望值过高;

· 同事之间闲聊的时间很长;

· 记忆力差,刚刚做过的事说过的话就忘了,更甭说先前的事了;

· 对无关紧要的事争论不休,纠缠不止;

· 经常变更计划;

· 做事草率,不负责任;

· 缺少自律,天天迟到;

· 对工作没兴趣,干一天算一天;

· 不安心现在的工作,总是看着这山比那山高;

· 终日疲劳困顿,状态恍惚;

· 经常被忧虑、恐惧、焦急困扰;

· 办公用具不通畅,比如电脑运行速度慢;

· 外界活动使你分心;

· 不知道工作有轻重缓急;

· 做不值得做的事情。

你不妨对照上面的问题检视一下自己,如果你能意识到在你身上存在一些,并以积极的姿态去改变或者改善,你会不会感到你的时间被很好地利用起来了,而你自己的工作也就不那么忙乱,生活也因此变得从容了呢?

05 工作狂搞乱了时间概念

盛年不重来,一日难再晨。及时当勉励,岁月不待人。

——晋 陶渊明

"我不在办公室就可能在会议室,不在高空飞行就是正塞在赶去应酬的路上……"

每天工作 11 小时,我们都是工作狂。

一项关于"中国企业家生存状态"的调查结果显示,作为一名企业家,平均一周要工作 6 天,每天的工作时间将近 11 个小时,而睡眠时间每天仅为 6.5 个小时。

某公司公关部经理林小姐,业内名副其实的女强人。据说工作时间往往从早晨 6 时许开始,经常拉锯到凌晨一两点。即使如此,次日清晨还会安排与客户的早餐会。

在这个忙碌得令人惊恐的时代，工作狂成了我们身边最可怕的现象。工作狂沉湎于工作的症状，对工作到了痴迷状态，一有空闲，就会手足无措，他们的生活就是工作，超长的工作时间才会让他们感到心里踏实。他们对于工作没有时间概念，家跟公司没有什么区别。他们拒绝休假，即使周末，也无法把工作暂时抛开，公文包里塞满了带回家的"功课"，亲朋邻里的面孔看起来很熟，但经常想不起他们的名字。

一定意义上，工作狂也可以被视为一种"强迫症"。对工作有着超乎寻常的专注和投入。那是一种非理性的想法，它们不知不觉地潜入意识之中，很难从脑海中驱赶出去。

工作狂的病症表现如下：

·过于关心时间，从不肯浪费任何时间，结果总是搞得自己和周围的人很紧张；

·总是忙来忙去，为自己定下过高的工作量，完成不了，就抱怨甚至发怒；

·如果不忙碌于工作，就会觉得很失落；

·下班的时候，如果和同事在一起，谈论的还是工作；

·开车时遇到红灯总是感到心烦意乱；

·没有时间和家人朋友在一起，即便是周末，也要思考自己的工作是不是有什么纰漏；

·不停地联系客户，如果打不通他们的电话就会焦急万分；

·经常将工作带到家里做，夜半时分还盯着手机发呆；

·工作中不仅自己着急忙碌，还要让同事或下属像自己一样忙；

·同时在做几件工作，忘记吃饭和下班的时间；

·看着别人都不顺眼，觉得全公司的人只有自己的工作最出色；

·对时间非常苛刻，连喝杯牛奶都嫌浪费时间；

·把所有的心思都用在了工作上，心理压力极大，身体出现不适，如头晕、溃疡，经常感冒、失眠，动不动就和同事发脾气，抱怨别人都不敬业；

······

你一年的8760小时

在上述行为中,如果在你身上存在5个或5个以上,那就意味着你已经处于工作狂的状态,你应该警惕自己对时间的过分依赖,理性地适时地把自己从工作的强大压力下解放出来。

工作狂症状产生的原因有二:一是无法有效地利用时间,不能在规定时间内完成工作。二是用工作掩盖自己的某些欲望,比如逃避不愉快的家庭生活;愿意受苦,有某种程度的受虐倾向;对别人的强烈主宰欲望等。

尽管工作狂是以工作为出发点,但工作狂并不受到人们的认可,甚至包括他们的老板。

工作狂很可怕:损害了身体,损害了精神,远离了家人,失去了朋友,得罪了同事,而在老板那里,也没得到表扬。因为老板也不欣赏工作狂。工作狂们以为自己时刻都在考虑工作,时刻都在工作,在利用一切时间为公司创造利润。但老板就是老板,他对自己公司有长远的持续性的考虑。当员工的工作方式不适应公司需要和发展的时候,他会照样裁你没商量。更何况员工下班了还长时间的留在公司,表现出一副为工作废寝忘食的样子,他可能会认为此人工作效率低下,或者仅仅是为了博得老板的欢心。

我曾有个同事,非常有才华,是个典型的工作狂。他没有时间吃早餐,别人到公司的时候,他已在工作了,用他的话说:"饿了,喝杯咖啡,饿了,再喝杯咖啡。"由于他狂热的工作,很快成为公司的副总。他向董事会不断地提出建议,让公司现任的执行官感受到莫大的威胁。而公司其他的管理人员和员工因为他对工作的过度狂热也面临着极大的压力,他们不得不联合起来,使他这个副总工作难以进行下去,最后不得不离开公司。当然,他的离去,没有使公司的业务受到任何影响,反倒工作气氛更和谐,大家工作起来更愉快了。

是的,我们需要努力工作,但我们不能成为工作狂。现代社会,更欣赏有才华有能力、也会生活的人。工作狂把时间都用在了工作上,还怎么去享受生活呢? 当他们说"没有时间"的时候,心中是怀着对时间的极大恐惧和蔑视的。

遗憾的是,在我们的社会,工作狂的队伍在扩大,这不是好事。

06　把自己嫁给了工作

最浪费不起的是时间。

——美籍华裔物理学家　丁肇中

"老板是我生命里最重要的男人,因为他给了我工作,让我找到了自信,从此我的命运改变了。""工作让我有成就感。工作给我安全感。"先生认定,这个不着家的女人一定有外遇,她别转身,厌倦地招架,"连睡觉的时间都不够,哪有精力搞外遇!"

说这话的女人名叫闾丘露薇,1992 年毕业于上海复旦大学哲学系,后来移居香港。她是凤凰卫视的记者,采访报道过多名世界政要和许多重大国际事件,如长江水灾、香港和澳门回归祖国等,也多次跟踪报道过中外领导人外访活动,包括中国前国家主席江泽民、国务院总理朱镕基、美国总统布什等。她的足迹遍布欧洲、美洲和亚洲。她是进入战时阿富汗的第一位华人女记者,伊拉克战争打响后,她和摄影师冒着生命危险成功进入巴格达,成为战争打响后第一批进入巴格达的中国记者,被誉为"战地玫瑰"。

无论是在和平的香港,还是在危险的战场,她都在拼搏,没有时间享受自己的生活。

在这个喧嚣躁动的时代,有多少像闾丘露薇这样的女人,赤手空拳,打拼着属于自己的一片天地。这年头,"出嫁前靠父母,出嫁后靠老公"的日子早已一去不返。她们有知识、有见识,也有日益膨胀的欲望。想拥有自己的事业,自己的财富,自己的地位,就不能赖在男人身上,而要和他成为背靠背打拼的职场好兄弟。

于是,很多很多的女人,把更多的时间和精力投入到了工作中,从工作中发掘乐趣。她们一天中大部分时间是陪工作而非陪男友。从爱上工作,到嫁给工作,只有一步之遥。

在这个飞速发展的社会,嫁给工作的女人已经越来越多了,这是女人的不幸,也是男人的不幸。

方芳,某大公司广告部经理,她说:"我已经连续 3 年没有休过年假了。"

"开始是不敢休,想想看,如果我可以离开工作岗位半个月而那边的工作毫发无伤,公司为什么还要花钱雇我?"

"时间一久,觉得其实休不休对我也没什么影响。我要的不就是权利和责任吗?人们羡慕那些有钱有闲常旅行的人,可是花一大把钱跑到澳大利亚,看着一群羊像白痴一样吃草,周围寂静得树叶掉了都能听到,有什么意思?"

"坐进办公室,看到一个个策划方案,总会感觉自己是有价值的。我觉得自己处在高速发展期,欲罢不能。每天带着一天的疲惫回到家里,泡

在澡盆里想想今天又有什么长进,哪项任务完成得好,心里很开心。"

　　其实,像方芳这样的女人是很多的,她们在乎那种被人肯定的感觉,除此之外,情人朋友都不能让她们产生这样的快感。而且,她们又常常被一种危机意识包裹着,她们总是在想,像我这样资质能力的人多了,如果不努力,随时会被人代替。要想不被淘汰,只有自己更强。功夫修炼到家了,机会随时都会找上你。

　　女人如此,男人更甚。

　　你有没有嫁给工作? 对工作有感情不是错;可怕的是,你把太多的感情都投入到了工作里,以至于忽略了你的生活,你的爱人,你的朋友,以及跟你的人生有关的所有的一切。

　　看看下面的测试,如果你的答案有 6 个或 6 个以上是"是",那么你就有可能属于这类人了:

　　·对工作的需要超过对感情的渴望,甚至迈入大龄仍无暇谈婚论嫁;

你一年的8760小时

- 工作的公司像一个大家庭,从早到晚,大家都在这里;
- 不在办公室时,会忍不住想要收发电子邮件;
- 偶尔不能上班,比如生病,心里很愧疚;
- 从来没有想过换工作;
- 偶尔手上没有工作,会感到寂寞;
- 感觉最好的时候是得到老板的肯定;
- 对工作的付出超过百分之百;
- 觉得这项工作离开我不行;
- 不休年假,或者很少把年假用完;
- 同事都不如我对工作尽心;
- 周末好像很难熬,很漫长,盼着周一上班;
- 每天回家了,还在想工作的事;
- 24小时不关机,手机一响马上跳起来;
- 最要好的朋友是现在的同事。

如果你觉得上面那些和你很相像,说明你对工作已经到了依赖的程度,你真的应该考虑改变一下了,毕竟工作只是人生的一部分,你为工作所付出的一切,所获得的成功,说到底,还是为了实现个人的价值,这和享受人生的乐趣是不矛盾的。那么,何不尝试改变一下呢?先从下面入手吧:

- 做个日程表,比如,每天晚上和先生(太太)散步半小时;
- 合理分配时间,关掉电视,全家人坐在沙发上聊一些无关紧要的事情;
- 每天分出一些时间做家人喜欢的事情,比如,看男友喜欢看的书,或者和他一起看一场足球,听听他的高论。
- 每月拿出一整天的时间,和家人去爬山,进行一次野外聚餐;
- ……

这些都是很容易就做到的。如果你认真地去做了,慢慢地,你会发现,其实,你是有时间享受美好生活的。

07 忙上了瘾便忽视了时间

时间是不可占有的公有财产，随着时间的推移，真理会愈益显露。

——英国哲学家 培根

　　或许这是一个永远被追逐的时代，只有加倍努力才能在被追逐中跑得更快。业内有个心照不宣的规则，你的职位越高，你的应酬就越多，你当然就越忙。

　　欧洲的 8 月，全然一副半停滞的状态，大部分的人都出去度假了。你或许竭尽全力也没办法联系到某个项目的主要负责人，原因很简单，他度假去了。尤其是在巴黎，商店纷纷关门，甚至部分博物馆也只在有限的时段里对外开放。当地民众也似乎集体去了外地——都到大西洋沿岸和里维埃拉度假去了。

　　此时，国内的精英人士或许还在写字台前玩命地写着工作计划书……

　　忙，忙碌……几乎成了现代中国人的通病。不管我们怎样努力，还是觉得时间不够用。整日里不停地奔波劳碌，生活却还是不尽如人意。我们渴望得到一副灵丹妙药，改变这种状况，让自己成为时间的富人，可以从容应对一切。

　　但是，太多传统的观念束缚了我们。我们勤劳，我们的血液里流淌着"吃苦耐劳"的传统美德。"吃苦在前，享乐在后"也成为一代又一代人的人生格言。

　　作为一个上班族，一周你有几天是按时下班的？当加班成为一种习惯，如果在某天按时下班，走在大街上看到明亮的天空，内心竟会生发出些许的不适。不少外国朋友甚至害怕在中国工作，他们说面对如此勤劳

你一年的8760小时

先苦后甜

的中国同事，他们会感到前所未有的压力。今天的工作已经完成，为什么还要留在办公室呢？

记得前两年，与一家英国公司合作一个项目。期间有很多技术方面的问题需要沟通。下午6点是他们的午餐时间。为了工作，只好留下来加班。晚上8点，他们结束了午餐。我在 MSN 上向对方负责这个项目的工作人员发出问候，他很吃惊："上帝呀，你还在上班吗？在你们那里，现在不是下班时间吗？"这可能就是不同国家之间文化的差异。在他们看来，下班时间，除非是天塌下来的事，他们是不会主动加班的。而他们的午餐，可以用上整整两个小时！天哪，这在我们是难以想象的！你呢？是不是一边食不甘味地往嘴里扒拉着盒饭，眼睛还在盯着电脑？没办法，因为我们没有时间。

因为没有时间，我们无法尽情地享受生活的快乐。试问一下，你的生活快乐吗？你认为的快乐生活是什么样子的呢？与家人在一起？到远方旅游？做自己感兴趣的事？一百个人会有一百个关于快乐的答案。你正在实施或者计划实施你的快乐生活吗？这样的快乐，对于很多人来说，只是个遥不可及的奢侈的梦想。为什么？因为没有时间。没有时间与家人在一起享受家庭的爱与温情，没有时间旅游，工作或学习已经让你焦头烂额。

我们总是在为自己的行为寻找合适的借口。没有时间，也不过是个借口而已。说是没有时间，毋庸说是没有勇气。担心家庭的温情让你再也紧张不起来，担心远行让你失去挣钱的机会。在现代这样一个快节奏的物质化社会里，"时间就是金钱"的理念深入人心。人人都在喊着"成功"、"创业"，哪里还有人敢说不忙呢？不忙便意味着没有事业，悠闲的生活被看成有钱人的专利。对于普通的你我，适度的闲散生活，可能会被看成是懒惰。如此，哪里还会有时间呢？

于是，有些人就产生了一种感觉：忙会上瘾，这话听起来似乎有点怪。可是，生活中，明明我们常常看到那些高级白领、金领们，他们一边抱怨太苦、太累，一边又不停地策划着新项目，建立新目标，并为此奔波劳顿。圣诞、新年相继而来，忙完一天的工作，这些社会精英们优雅的身影便出现在不同的社交场合，杯光斛影，荧光闪闪，完美的礼仪，流利的外语，无不展示着他们勃勃的雄心。一个目标实现，新目标即将开始，永远没个完。他们为什么会这样呢？我想是人们对"忙"这个词的理解出现了误区。

第一，把"忙"等同于地位。在这个时代，"忙不完地忙"不仅成为一些人的口头禅，甚至升级为一种终极社会地位的象征。你忙，说明你有价值；你不忙说明你混得不怎么样。波士顿女性健康中心的专家指出，美国妈妈们总是把忙碌当作一种成就，如果不忙就会产生挫败感。西方社会如此，21 世纪的中国女性们也面临着同样的困境。

第二，在无意识中，把忙碌作为冲抵生活中孤独感、抑郁感的一种手段、一种工具。在这样一个竞争空前激烈的时代里，有几个人心中没有那种莫名其妙的恐惧和压抑：为前程焦虑、为房子卖命、为老人尽心、为后代操心……无数压力横在我们面前，于是这句"听说你抑郁了"一度成为社会的时髦词汇，久别的朋友见面都不免要这么问上一句。多可怕啊！可是社会很少能为我们提供治疗抑郁的良药，我们自身又无能为力，只好用无休止的"忙"来麻痹自己，尽管自己也知道这代价，但我们别无选择。

第三，因忙而产生的资本。有了压力，你就可以对人发牢骚，可以对人撒娇，可以得到他人的重视、怜悯和关爱，甚至成为向人炫耀的资本。但你要记住，这样很可能会让你失去更多。林和燕是一对外企白领，典型的 80 后，都是家里的独子。大学毕业，两人就走进了婚姻的殿堂，但两人

23

都刚刚踏入职场，都不可避免地面临一系列困境。燕是女孩，更脆弱，面对困难时，常常不自觉地对老公撒娇甚至发脾气，久之，怨言也出来："你要是富翁，我也就不用去受那份气了。你看看咱俩过的什么日子，连一起看场电影的时间都没有了！""你想当富婆，你去找富翁好了！"气话来了，都伤了对方的心，结婚不到两年，他们就分开了。

第四，忙已经成为生活的惯性。七八十年代过来的人，从小就为升学忙碌，长大了又要为工作为生计奔波，忙其实已经成为一种生活常态："睡得比鸡少，起得比鸡早，吃的比猪差，干的比驴多。"抱怨过，不满过，也想改变过。可真的有一天，超快的节奏突然停顿下来，竟茫然不知所措，甚至产生失落感。于是，又重拾过去那忙碌的状态，回到原来的惯性中去。没有时间享受自己的生活。

作为一个上班族，每天都要面对自己的同事、下属或者上司。你知道他们如何看你吗？你了解他们吗？你每天用多少时间与他们沟通或者交流？可能你会说，工作已经让你忙得不可开交了，哪里还有时间顾及这些呢？可我要说的是，努力地工作固然重要，但决不能做一个"闷头拉车"的人。因为在这个时代，更看中的是效率。所以，我们忙，但不能"盲"，忙而不"盲"，才会让你的工作和生活都游刃有余。

我们的生活，不是将每一分钟都填满工作才会有意义。从走进办公室的那一刻起，你便开始工作，直到下班，一刻也没有停，竟然还有工作没有完成！那么，尝试一下，改变你的工作方式，提高工作效率，轻松完成工作，让你每天都有自己的时间享受生活的快乐！

08 分散时间等于没有时间

放弃时间的人,时间也放弃他。

——英国剧作家 莎士比亚

从前，有个农场主雇了一个很能干的佣人，他告诉佣人每天要帮他烤面包、浇园子、拔草，还要防止小偷溜进院子偷东西。

佣人好不容易找了份工作，发誓一定要把工作干好。

这一天，农夫要去赶集，他对佣人叮嘱一番便匆匆离开了。然而等他回家一看，顿时气得脸色发青：面包只烤了一半，草没拔完，园子还要浇，而更让他恼火的是，小偷爬进院子偷走了库房的一袋大米。

农场主忍无可忍，破口大骂，还扬言要解雇他。

佣人却没有半点愧疚感，反而振振有词地说："主人，我为了拔草，把烤了一半的面包放下了；为了浇园子，我又把拔了一半的草放下了；为了看院子，我又把浇园子的事放下了；至于错过小偷的那一刻，正好赶上我想去烤面包。"

这个看似荒唐的故事，其实在我们的工作中经常遇到。

你一年的8760小时

也许我们都注意到了这样一个无奈的事实：在我们每天正常的8小时工作中，我们常常要同时做几件事，结果一件也没做好，弄得手忙脚乱，下班了，还常常不得不留下来加班。有个刚进入出版行业的编辑说："我刚想做一个策划文案，还没等做好，又想起那个稿子还没看完，就一边看稿子一边想文案的事。结果稿子上不少错误没看出来，文案也迟迟出不来。"

时间管理专家说："分散时间等于没有时间。"人的一个眼球上有1.3亿个光点，一天的时间里，可以摄入无数信息，其中大部分信息都成为过眼烟云，在脑海里消失得无影无踪。能保持在大脑中的一定是那些我们最需要的东西。科学家研究发现，当人们将一些内容记忆在大脑里时，脑内的某些蛋白质的结构发生了变化，在一些神经细胞之间建立了某种物质联系，这种变化和联系要一定的时间才能建立，还要一定的时间才能巩固。集中相当的单位时间，正是脑内记忆蛋白产生物质变化的必备条件。也就是，我们在工作中，要把整块的时间集中起来，做一件重要的事，这件事才能做得尽可能的完整。

所以，集中时间是任何成功者的共同法宝。韩国棋手李昌镐之所以成为世界围棋第一人，除了他的才智以外，还在于他集中时间的意志力是惊人的，他每晚7点到凌晨2点这段时间不参加任何应酬，闭门潜心研究棋谱。年近70岁的著名钢琴家傅聪在上海短暂的逗留期间，每天练琴五六个小时，还时常感叹自己练琴的时间太短了！

普普通通的我们也经常抱怨没有时间。我们从早忙到晚，一不留神，时间便至深夜。我们忙到了极限，以致心力交瘁，最后还是感叹时间不够。我们忙到废寝忘食，忙到没有了家庭观念，忙到取消休假、取消一切娱乐活动……

其实，我们经常说自己没有时间，那是因为我们把自己有限的时间给分散了，以至于我们把很多重要的事没有当成大事来做，星星点点的时间，割断了我们做事的联系，成功的可能性因而大打折扣了。

第二章

金钱与时间的哲学

　　很多时候,我们说自己没有时间,是因为我们把太多的时间都用在了挣钱上,而忽略了时间和金钱本身对我们的意义。金钱和时间就像一对老冤家,常常是有钱的时候没有时间,有时间的时候没有钱。有钱又有时间的生活是多么令人向往,于是,我们无数次地假设如果有钱又有时间,会怎样呢?

01 有钱的富人和有时间的穷人

时间是人的财富,全部财富,正如时间是国家的财富一样,因为任何财富都是时间与行动化合之后的成果。

——法国作家 巴尔扎克

我们常常说上帝是公平的,可是没有人见过上帝是什么样的,在上帝面前,人的命运也是千差万别。但我们说时间对每个人都是公平的,你总会相信吧? 每人每天都拥有 24 小时。高能力、高效率的人说:时间对我游刃有余。低能力、低效率的人说:我的时间总是不够用,我每天都忙得要死。

"忙"什么? 真的很忙吗? 是工作能力不够,还是没有安排好时间? 我们真要好好思考一下。

在人的一生中,"金钱"和"时间",这是绝对不可缺少的,对个体来说,它们之间存在着非常大的差别:

第一,在金钱面前,我们通常会根据个人手中持有的金钱数量划分出"有钱人和穷人"。人们从一出生时财产数量就是不同的,有的人家庭富裕,有的人家庭贫寒,而且随着年龄的增长,富人越富,穷人越穷,差别会越来越大。所以在金钱面前人与人从来是不平等的。但是,在时间面前,人人平等。不论是身家亿万的大富豪,还是无家可归的流浪汉,不论是高级官员,还是平民百姓,也不论是老年人还是襁褓中的婴儿,每天都拥有相同的 24 小时。每个人都同时迎接日出,送走日落。

第二,时间不能增多。穷人可以通过自己的努力成为"金钱富人",但是想把一天 24 小时增加为 48 小时而成为"时间富人"的想法是绝对的痴人说梦。

28

第三,时间不会消失。有些人可能由于事业失败,或股票暴跌而在一夜之间失去所有财产,变成一无所有的穷人,但是他拥有的时间不会因为任何情况而减少。

总之,金钱和财产方面的竞争具有极大的不确定性,胜利者也只是一小部分。但是时间方面的竞争却相对安全和平等,对于每个人来说它的长度是一样的。所以不要抱怨自己没有时间,时间面前没有穷人与富人的分别。

于是,就听到了一首歌:

"我想去桂林啊,我想去桂林,可是有了钱的时候我却没时间……"这是一首曾经很流行的歌曲,表达着人们对金钱和时间这对矛盾的无奈。

有时间的时候没有钱,这是谁都明白的事。有钱的时候没有时间,也可以理解。不忙碌哪来的钱呢?要是不做事,闲下来,只能当穷人了。我们在现实中往往会看到这种情形:有的人在我们看来已经很有钱了,可他们并没有停止赚钱的脚步;而有的人穷的几乎成了乞丐,可他们仍旧没有挣钱的激情。贪婪的富人和懒惰的穷人都是可怜虫:富人只剩下冷冰冰的钱,穷人只剩下百般无聊的时间。

什么时候能有钱又有时间?很多人都有这样的问题。对于时间和金钱的选择,让人多么的无奈。有时间的时候,没有钱;有钱了,却没有了时间。当我们同时拥有时间和金钱时,却已青春不再,甚至都没有用钱去换得一个美好享受的精力了。这也是大多数人的命运。

20 岁之前,我们有大把的时间,年轻而又充满活力,有无数的梦想要去实现。除非你出生在一个有钱人的家庭,否则,你没有钱去做你想做的事。这段时间,大多数的人都在读书,主要的任务是学习。期间也会有很忙的时候,比如说高考。这是积累知识的时间。相对而言,时间是我们最稀有的资源。

大学毕业,刚刚参加工作,没有钱也没有时间。物质生活一穷二白,因为刚刚工作,薪水也不会高,要想过上小康生活,就必须努力工作,努力挣钱。没有时间去学习,没有时间去玩乐,我们的时间,大部分都用于物质基础的建设。我们挣的钱,除了满足日常生活的需要,还要交际,手中的钱可能会入不敷出。这样,我们就要用更多的时间,寻找挣钱的机会,时间会变得更加的紧张。这时的生活,是大家常常挂在嘴边的"穷忙活"。

工作了三五年后,有了一定的物质基础,事业也有了一定的发展,按理说,可以松口气,找点时间休息了。可是,要结婚,要买房子,要养孩子,父母也上了年岁,要让他们安度晚年,更是不能松懈了。除了早出晚归地埋头苦干,又能怎样呢?这样的生活,少则持续十年八年。有少数人,事业上了新台阶,手中积累了财富,成了有钱人。他们终于可以有自己的时间去做自己想做的事了。而大部分的人仍在不停地忙碌,直到孩子成年,父母老去。

孩子成人,参加工作了,你也退休了,总算是有了时间,也多多少少有了点钱,可是,你已经垂垂老矣。年轻时的梦想,变成了夕阳下的美好回

忆。想远足,想爬山,你的孩子可能会对你讲你对你的父母曾经讲过的话:你们的身体能健康,不生病就好了,在家安度晚年吧,不要再生出什么事情来。是的,孩子忙,没有时间照顾你。

时间和金钱,在我们的生活中总是难以平衡。正如上面所讲的,也是大多数人的生命轨迹。对于金钱的渴望,让我们不得不舍弃许多美好的时光。什么时候有钱又有时间,完全在于个人对于时间和金钱之间关系的理解:你认为什么是最重要的? 你想要什么? 你要过什么样的生活?

02 要钱还是要时间

时间能使隐藏的事物显露,也能使灿烂夺目的东西黯然无光。

——意大利谚语

四个 20 岁的青年去银行贷款。银行答应借给他们每人一笔巨款,条件是他们必须在 50 年内还清本利。

第一个青年想先玩 25 年,用生命的最后 25 年努力工作偿还,结果他活到 70 岁都一事无成,死去时仍然负债累累。他的名字叫"懒惰"。

第二个青年用前 25 年拼命工作,45 岁时他还清了所有的欠款,但是那一天他却累倒了。不久,他死了,他的骨灰盒上挂着一个小牌,上面写着他的名字:"狂热"。

第三个青年在 70 岁时还清了债务,然后没过几天他去世了,他的死亡通知书上写着他的名字:"执著"。

第四个青年工作了 40 年,60 岁时他还完了所有的债务,生命的最后 10 年,他成了一个旅行家,地球上的多数国家他都去过了。70 岁死去的时候,他面带微笑。人们至今都记得他的名字叫做"从容"。

当年贷款给他们的那家银行叫"生命银行"。

你一年的8760小时

人的一生是一场马拉松比赛,不能只看短暂的现象,生命的本质和生活的追求是两回事,在时间和金钱的天平上,你会将重的砝码加在哪一端? 在我们出生的时候,只有生命,并没有带来时钟和货币。我们死亡的时候,消失的,也仅仅是生命。梁实秋先生说"时间就是生命",是告诉我们要充分利用我们的时间,让生命有意义。俗世之人,对物质财富无比崇尚,于是,我们创造了"时间就是金钱"的命题。

你是不是只有到了公司,工作了之后才有收入? 一个小时的时间,换取一个小时的报酬;一个月的时间,换取一个月的工资;一年的时间,换取一年的薪水。这听起来,是多么顺理成章啊。这就是时间和金钱之间的关系。看起来似乎没错,你付出了时间,得到了金钱,时间和金钱,画上了等号。你必须不停地工作,才会有收入。如果在某天早晨,你病了,无法工作了,那么今天你能赚到多少钱? 回答是:零。

一个真实的例子,我的一个朋友是一家海外机构在华的运营官,住着豪华的公寓,开着高档的私家车。每天的生活除了办公室,就是酒会、俱乐部。他对当前的生活很满意。后来,这家机构由于其他资金的注入,高层重新洗牌,他失去了原有的职位新的工作,相对于原来,各个方面都大打折扣。对大多数人来说,没有一个工作是保险的,能让你做到永远。

然而,我们中的大多数人还执著于"时间就是金钱"的观念。时间等于金钱,实在是一个不易识破的陷阱啊。因为钱有着巨大的力量:"有钱能使鬼推磨""有钱好办事"等等。但是,为你推磨的,只是些"小鬼"而已。有权有势者,才不屑于为你推磨呢! 所以,金钱并非像我们想象的那么万能,而时间的力量是金钱无法相比的。"光阴一去不复返",任你多么有钱,时间不会向金钱妥协。时间能赚来金钱,金钱却买不来时间。这就是"沧海变桑田"的能量。

要钱还是要时间? 不同的人会有不同的想法。对于科研工作者来说,他们更看重时间,时间为他们带来科学上的成果;对于商人来说,他们更看重金钱,他们商业活动的目的就是为了金钱,他们的时间也是为了金钱。很多年轻人羡慕那些功成名就的人,因为他们有钱,而成功的有钱人

却羡慕年轻人,因为他们有的是时间。

时间是最重要的。赚钱,只是一生中要做的一件事而已,并不是生活的目的。我们要有时间陪我们的家人,享受天伦之乐;我们要有时间运动,保证我们的健康,让生命更长久;我们要有时间做想做的事,并不是为了金钱,而是兴之所至的快乐。所以,不要将你大量的时间都放在对金钱的追逐上,而应该学会腾出些时间来感受生活,享受生活。

03 做个有钱又有时间的人

时间是一条金河,莫让它轻轻地在你的指尖溜过。

——拉丁美洲谚语

你一年的8760小时

在朋友小青的博客上,常常见到她上传的照片:香港、广州、上海、云南……她的生活,仿佛就是游玩。一篇篇文采飞扬的旅游日记,让人心向往之。不时地感叹,什么时候才能像她那样,有钱又有时间呢?

小青是个自由撰稿人,没有固定的职业。有时候,她会几个月都待在家里,写她感兴趣的文字。这段时间,她几乎没有一分钱的收入。但是,书稿完成后,就会从出版商那里拿到一笔数量可观的钱。如果她的书卖得好,就会重印,一本书会得到多次版税。

看看你的金钱的来源,有没有这样的持续性呢? 你是如何获得金钱的? 工作了一个月,得到了一个月的工资。就像开的商店一样,今天你的商店开门营业了,有顾客来购物,你得到了商品的利润。如果没有开张,你不仅得不到利润,还要支付房租,付出商品在手中周转期的成本。这样的收入就是单次的,不可持续的。

有钱又有时间的人,他们都拥有可持续收入的"管道"。即便有一段时间不做任何工作,"管道"的物质来源仍能保证他们过着衣食无忧的生活。拥有这种"管道"的人,大致都是经过一段时间的努力,有了一定的经济基础和事业的人,他们又是懂得将金钱用于生活享受的人,对于金钱并不过分追逐。

有钱又有时间的人,大致通过以下几种方法构造自己的"管道":

像朋友小青那样写作的人:每出版一本受读者欢迎的书,很长时间可以享受版税所带来的收益。

将钱存入银行享受利息:如果你在银行有足够多的存款,利息就能满足你的生活所需,你不用再为挣钱忙碌,当然会有时间了。

投资:开发新产品,或者是其他方面的投资,比如房地产、股票、证券等,但是有个前提,你必须在你所投资的方面有足够的经验,有独到的眼光。

独家代理:申请成为某个品牌的独家代理,如果有人要做这个牌子的分销,就要向你交钱。

那些保健医师、健身教练、律师,他们收入虽然很丰厚,在很多人的眼中足够称得上是中产阶级,过着富足的生活,但他们的收入也是单次的,是不可持续的,他们也要不断地努力工作,才能保证有收入。正像我们在前面所讲过的,没有一项工作是最保险的,能够给你一生的保证。除非你继承了一大笔遗产或者买彩票幸运地中了大奖,否则,只有通过先期的努力工作,并注意建立自己的"管道",才能保证收入的可持续性,就像那些有钱又有时间的人。

这里还有以下重要的问题,从中发现自己的能力和需求,如此你才能成为有钱又有时间的人。

· 有多少钱才算有钱

有多少钱才算有钱呢? 没有一个统一的标准答案。有几十万资产的人,可能觉得自己还是个穷人。记得有一年圣诞前夕公司召开董事会,某个董事说,他花了60万元给女朋友买了个小小的圣诞礼物。我们除了唏嘘他是个有钱人之外,再也说不出别的。60万元,我们得工作多少年才能挣到啊! 但是,这个董事说,他的钱有些紧张,因为他最近在台北又投资了一家新的公司,他不满足现状,要赚更多的钱。

你所拥有的金钱,不一定达到百万千万,才能称得上是有钱人,才能成为一个有时间的人,去做自己想做的事。一位在职妈妈说:"我觉得挣到的钱够花、能满足生活的基本需要,略有节余,就称得上是有钱了;有精力去做自己想做的事就是有时间了。"这样看来,要想成为一个有钱又有时间的人,并不是一件很难的事。

· 有钱不一定有时间

正如我们在前面所讲过的,为了钱拼命地工作,因为拼命工作得到了钱却没有时间来花。就像那位董事,会议结束后,没有和大家一起过圣诞便匆匆赶往机场,他没有时间在北京享受圣诞将临的喜悦,新成立的那家公司,还有许多事情等着他去解决。

如果您想做个有钱又有时间的人,当挣钱影响到你的生活的时候,你必须修正自己的观念,做出改变。

大多数人不是收入很高。有些上市公司,员工手中拥有一定数额的

你一年的8760小时

股份,一年的收入可以达到几十万元。但是,他们不得不为了这份收入加班加点,不敢有一丝的懈怠。家,只是个睡觉的地方。单身的朋友没有时间谈恋爱,交朋友,有家的人,为工作所累,很少有时间与家人相聚。我的好友倩,老公在摩托罗拉工作,整天在各个分公司和经销商之间飞来飞去,一个月有20多天都在出差,在某次出差回家洗澡时竟说"怎么搞的,服务员没有把镜子擦干净。"好在倩的老公意识到了问题的严重,调换了工作。当然有些人一开始就能平衡好这样的日子,在工作之余积极参加一些社团活动,荷包满满,日子也过得充实有趣。

·善于理财,才会成为有钱人

有钱有闲的人,不都是含着金钥匙出生的人,他们大都善于理财,懂得做好规划,并且身体力行。这种努力开始得越早越好,这样,你才有时间和体力来享受金钱的好处。首先,你要挣到一定数额的钱,然后,善于使用,有好的投资项目最好能进行投资,让钱为你带来更多的钱。比如,投资股票、基金、债券,等等。此外,还要学会适当的省钱之道。俗话说,挣一分钱不容易,省一分钱可容易多了。这样,你才会成为有钱人。真正的有钱人,也就是能做到"财务独立"的人。

·选择自己想做的工作

自己喜欢的工作,做起来才会更加努力,不会感到厌倦。柳小姐最喜欢做的事情是平面设计,大学毕业后,经过一段时间,找到一家自己满意的广告公司。她沉迷于广告制作,创意每每受到客户的好评,不久,她便成为公司的中坚力量,职位得到了提升,收入也慢慢多了起来。有了钱,也便有了经济实力去提升生活品质了。

·关注财富,更关注生活

柳小姐不是个工作狂,她虽然同大多数人一样在意收入的多少,同时也很注重生活的品质。每个周末,她都会背上背包,和朋友们一起远足。花不了多少钱,玩得也很开心,也放松了心灵,锻炼了身体。此外,每周她还会抽出两个钟头去做健身,两个钟头做美容。柳小姐说:"时间是属于我们自己的,干吗不把这有限的时间好好利用,好好享受呢?"

04 学学渔夫的生活哲学

时间是审查一切罪犯的最老练的法官。

——英国剧作家 莎士比亚

对于时间和金钱的关系，还包含着人生的大道理。

"我真向往有钱又有时间的生活？如果有钱又有时间，生活将会变得多么美妙啊！"

"如果我有钱，我会做很多善事，到养老院做义工，或者到社区做志愿者。"

"如果我有钱，我就四处游玩，中国的名胜看遍了，就到国外去看风景。"

你终究没有去做义工，也没有出去旅游，原因很简单，不是没有钱，就是没有时间。

现在的人大多数都在追求物质财富，你我可能也不例外，我们活得又苦又累又没有自由。用"人在江湖，身不由己"来形容一点也不为过。我们没有时间享受生活的乐趣，没有功夫去关心友情亲情和爱情，没有心思享受清风明月，没有情绪停下脚步看看日出日落。

任职于某家外企的任先生说，每天早上睁开眼，想到的第一件事就是房子还欠着银行多少钱。每个月至少要挣多少，才能够保证还贷和满足日常生活的开支。到了公司，有做不完的计划和要处理的工作。他的太太在一家媒体工作，每天都要完成多少字的采编任务。在外人眼里，他们属于高收入的白领，有房有车。可是，自从买了车之后，上班出发的时间反而更早，哪天不塞车，会让人感到意外。天天晚上八九点钟才到家是常有的事。有时候，两个人一天甚至说不上一句话：由于太太上班的地方离家近些,任先生的公司又比较远,为了让太太多休息一会儿,他会悄悄出门。晚上到家,不是太太有事没有回来,就是他到家时太太已经熟睡。如果哪天到家早,两个人在一起吃顿晚餐,聊会儿天,简直是件幸福无比的事情。虽然任先生和太太两人的工资加起来有两万多,是让人羡慕的高薪了,但是除了房子的月供,车子的花费,两家老人的赡养费,到头来手中所剩无几。他们每周会到超市采购一次,基本上也都是一些半成品。任先生说,他们一天大部分时间都花在了工作上,对于生活,凑合着吧,哪里有时间和心情讲究情调呢?

其实,我们不是没有能力过上舒适的生活,完全是"比富"的心理,让我们陷入盲目劳碌的怪圈。就像在海边不停撒网的人,渴求捞到财富。但是,发财毕竟不是每个人都能实现的梦想,财富的山峰更没有顶点。我们为了财富,耗费了那么多的时间,为的是什么?

一个广为人知的渔夫和富翁的故事,值得我们为自己的生活思考:

一个富翁到海边游玩,看到一个渔夫躺在海边晒太阳,富翁说:"你应该去打更多的鱼。"

渔夫说:"打那么多鱼干什么?"

富翁说:"拿到集市上去卖,然后你就有钱买条大船,你会捕到更多的鱼,赚更多的钱。"

渔夫说:"要那么多钱干什么呢?"

富翁说:"有了钱,你就可以四处游玩,到海边晒晒太阳,就像我现在这样。"

渔夫说:"我现在不是正在晒太阳吗?"

生活原本就是这样简单,如果你的能力已经让你衣食无忧,何不学学那个渔夫呢?财富或未可知,明天不会有今天的阳光,先驻足片刻,晒晒太阳再说吧。

05 幸福的感觉和金钱并不成正比

一切经济最后都归结为时间经济。

——革命导师 马克思

古时候,有一个国王,他拥有无数的土地和满屋子的金银财宝,可是他仍然觉得不满足,整天闷闷不乐。

一天,有个金仙子出现在国王的面前,说:"国王陛下,您觉得到底要怎么样,才会使您快乐呢?"

国王想了想说:"我要有一只金手指,只要我的金手指随便一碰触,什么东西都可以变成金子,那样我就会很快乐。"

"真的吗?您真的想要一个金手指吗?您要不要考虑一下?"金仙子问道。

"不用考虑了,这是我一生最大的梦想,只要有金手指,我的梦想就能实现,我就会很快乐!"国王毫不犹疑地说。

于是,金仙子把国王的右手变成一只金手指。

国王用那只金手指随意一指,桌子、椅子、盘子、墙壁……凡是他碰触过的东西都变成金制的物品。

国王真是太高兴了!

这时,国王跑到花园,闻到阵阵花香,顺手摘下一朵花,他真想闻一闻这花香。可是,他的手一碰,那花朵立刻变成金花,香味消失了!

国王又走到餐厅,闻到弥漫着的香味,口水欲滴,真想饱餐一顿。可是当他拿起盘中的一只鸡腿时,鸡腿瞬间变成了金鸡腿。正当国王垂头丧气时,他最疼爱的小女儿跑了进来,国王很高兴地抱起这可爱的小女儿,刹那间,小女儿变成金女孩……

"混账,这是什么金手指,居然把我的女儿都变成金人!"

国王大声怒吼:"来人,去把那金仙子给我抓回来!"

可是,国王再怎么找,也找不到金仙子。他又饥又渴,又失去了心爱

的小女儿。他虽然是世界上拥有金钱最多的人,但他却异常痛苦。

这数不尽的财富对于他来说,变成了挥之不去的梦魇。

有些人因为没有钱而不快乐,以为有了钱就会快乐了。真的是这样吗?

一本名为《女性蓝皮书》的书里说到:"据调查,工资在5001-9999

元的女性幸福指数比工资更高的女性幸福指数更高。"毫无疑问,收入更高的女性付出的努力、艰辛也更多。

我们必须有钱,但钱真的不是越多就越幸福。

对大多数人来说,钱是通过工作获取的。适当地减少自己的工作时间,意味着你的收入可能会有所减少。但是,钱多,你并不一定快乐。即便是收入有所下降,能严重到什么程度呢?是不是能让你不可忍受呢?想要缩短工作时间,就要让你的工作变得简单。

追求简单,并不是让你逃避工作,或者将你的工作推给别人。一项调查表明,现代人工作变得复杂的一个重要原因,是缺乏工作的焦点。因为不清楚最终的目标,总是浪费时间在做重复的事。

·要了解清楚自己的工作目标。如果上司给了你一项工作,要先问清楚工作的要求,你需要做的是什么,最终达到一个什么样的结果。

·考虑你的工作如何开始,从哪里开始。在工作中要注意什么问题。你可以向你的上司请教,听听他的建议。

·看看公司中有没有可利用的资源。比如说你在 IT 公司工作,你的上司让你开发一个新的应用程序,你可以查以往的技术记录,看看有没有可供参考的文档,或者向你的同事寻求必要的帮助。

·学会委婉的拒绝,不要让同事干扰了你工作的进度。

·在你没有做完这件工作之前,上司又给了你新的任务,主动和你的上司沟通,问清楚哪项任务是必须首先完成的。让他给出任务的顺序,免得到最后你的工作没有按时完成,被上司误解。

·对上司提出的报告,简单明了,要有自己的观点。很多人担心提出的报告信息量不够,受到批评。其实,你大可不必有这样的担忧。信息量越大,重点反而不易突出,你的上司可能不愿意长时间地来看一篇冗长的报告。上司需要的是"能帮他快速做出决策的内容"。

·专注于你的工作,而不只是为了所谓的"工作绩效"。很多公司对于绩效过度操作。有的公司一天至少要有三次会议,会议的内容就是报数字。最后,绩效只是成了一场数字游戏。主管根本没有时间去认真思

考工作的实际成效。工作要想卓有成效,出发点应该是工作本身,而不是
"数字"。你只要想:如何把这件工作做好? 怎么去做? 需要自己在哪些
方面提高? 当你顺利地完成了工作,自然就会有好的"绩效"。

尝试以上的办法,看看你的工作会有什么变化。

曾经看到过这样一个故事:一位爸爸下班回家,时间已经很晚了,可是,
他的小儿子还在家中等着他。孩子问他:"爸爸,你一个小时能挣多少钱?"

"10 美元。"父亲回答。

孩子要求父亲借给他 10 美元。父亲很生气,心想孩子一定是要钱买
玩具,自己天天拼命地工作,孩子怎么这么不懂事呢? 于是,他把孩子狠
狠地教训了一通。当父亲平静下来之后,去找孩子道歉。他觉得作为一
个父亲,刚才的态度有点凶了,并且给了孩子 10 美元。这时,孩子又从枕
头下边拿出了 10 美元,问他:"爸爸,我可以用这 20 美元买你 1 个小时
吗? 请你明天早点回家和我一起吃晚饭。"

看过这个故事,整天辛苦工作的你,会有什么感想呢? 我们真的应该
花点时间来陪陪那些爱我们和我们爱的人,不要让时间不知不觉从指间
溜走。我们不得不承认,很多时候,幸福的感觉,和我们拥有的金钱的多
少并不是正比的关系。

06　你的时间价值百万

只要紧紧地跟着时间的步伐,幸运之神就会永远跟着你。

——印度谚语

时间就是生命,时间就是金钱。

人们往往重视生命,乐于理财,而忽略了时间管理。

善用时间,就是善待自己的生命!

这样的概念我们都不陌生。不过听着容易,做起来难。事实是,由于

社会的飞速发展,我们的时间价值也在飞速的上升,越来越多的人通过购买的方式来满足部分需求,并且享受由此带来的时间成本的节约。

英国一位教授发明了一个公式,能够帮助人们精确地计算出自己的时间价值。这个公式是:

$V = [W(100—T)/100]/C$。

V 代表一小时的价值,W 代表一个人的时薪,T 代表税率,C 代表当地生活花费。

据此公式,对一个英国男人而言,一分钟的价值平均超过 10 便士,女人则值 8 便士多一点。一个英国男人一小时的工作收入是 9 美元,一个英国女人一小时的工作收入是 7.2 美元。如果自己准备晚餐,男人自己动手的成本是 15.72 美元,女人自己动手的成本是 14.3 美元。如果通过外卖获得晚餐,成本是:男人 7.31 美元,女人 7.24 美元。

由此可以计算每小时的价值。知道了自己每小时的价值,就能决定到底是自己做饭呢还是叫外卖,出门坐公交车呢还是打的。

时间可以作为商品出售的事实,在经济发达的今天已是人之共识,在占各经济发达国家经济半壁河山乃至大部分的第三产业领域,出售的就是时间。"时间就是金钱"的口号毫不掩饰地道出了时间作为商品的含义。既然是商品,就一定具有因人而异的价值特性,时间恰恰如此。

每个人的单位生命时间是不等价的。比如 A 教授,每年的工资是 4600 英镑,那么,他一小时的价值是 6.38 英镑。需要指出的是,这是 A 教授任何一个小时的价值,而不是只指其工作时间的一小时。假如 A 教授做一顿饭要花掉 10 英镑的时间,加上原材料以及饭后洗涮时间,他自己做一顿饭要比叫外卖贵得多,所以自己做饭不合算;同样,A 教授出门坐出租车比坐公交车要合算……一般说来,如果你的工作技术含量比较低,你每小时的价值也会较低,选择自己做饭和坐公交车就比较合适。

每个人的时间是不等价的,所以,一些人情愿用别人的时间和自己的时间作交换,请人帮助自己做某些事情以腾出时间做自己的事情。如果大家在任何事情上所花的时间都是相等的,就是说是完全等价的,也就不可能产生"钟点工""保姆""秘书""咨询公司"之类的服务性行业了。

时间就是金钱,时间创造财富。

曾几何时,中国的大小银行营业网点都排着壮观的队伍,人们只是为了去缴纳电费、水费、电话费、手机费、上网费、煤气费……甚至每月都要抽出一天甚至更多的时间去银行,很多人把宝贵的工作时间用来完成这些琐碎的小事上。事实上,在网络如此发达的今天,花很多的时间去缴纳这些费用根本是不值得的,银行完全可以凭借先进的网络技术以及整合相关客户服务,使客户摆脱长时间排队带来的烦恼和时间的极大浪费。国外银行成功的实践也表明,商业银行完全可以帮助客户提供全面的服务,将客户从这些琐事中解脱出来。也许是我们的银行工作还有改进的地方,也许是我们的消费方式还有待变化,总之,我们对网上银行的利用,会使我们的时间价值得到提升。

火车在不断地提速,汽车速度也越来越快,飞机是超音速或者是亚

音速的。吃的是快餐,超市里的快速食品格外受到青睐,快餐店遍布大街小巷。美式麦当劳和肯德基流行全世界。甚至连谈恋爱搞对象也讲一个"快"字,一个 30 分钟的节目就可以使一对对男女速配成功。我们真的已经步入了一个节约时间的时代。在这个快速变化的时代,时间就是金钱。充分合理地利用你的时间,那么你的时间何止价值百万!

07　花点钱,为自己换来一些时间

要这样生活,仿佛你寿命永恒;要这样工作,仿佛你精力无穷。

——S·波恩哈特

在这个商业极度发达的社会里,金钱会换来更多的时间,这道理谁都明白。花时间等待还是花钱买时间,这也不是什么问题了。

每天的午餐时间只有一个小时,有的人可以吃完了饭还会在写字楼下的花园里散散步,呼吸一下室外清新的空气。要知道每天的午餐时间,楼下的餐厅里可是挤满了人的。大家拿着餐券,排队等待。不过有的人专门到人少的窗口去。

"那些人少的窗口,饭菜比其他的会贵出一些。我宁愿多花几元钱,也不想在那里排队。如果去得晚了,排在队伍的后面,半个小时也轮不到自己。等轮到自己了,也快到上班时间了,匆匆扒拉几口了事,也吃不出个什么滋味。"

"我只不过比他们多花了几元钱,至少可以有半个小时的时间散步,或者到超市看看,或者翻翻杂志。"几元钱换来半个小时的自由,简直是太划算了。

比如长途出差,坐飞机还是坐火车? 如果你有大把的时间,可能会首选火车。经常出差的同事小余,每次都会让公司给他订机票。

你一年的8760小时

"我没有心情耗时间,早点解决了问题,早点踏实。坐火车到那里,路上得花14个小时,飞机两个小时就够了。火车还在路上跑的时候,我都能办完事情往回返了。"小余说。

如果你也是经常出差的一族,不妨学学小余的做法。坐飞机表面上看是多花了钱,但它却能为你省出大量的时间,让你完成更多的事情。省出的时间里,所创造的价值,要远远大于一张机票。

好不容易盼来的休假,要去渴望已久的地方旅行。怀着兴奋的心情给订票公司打电话,却告诉你已经没有车票了。你怀着一线希望在网上搜索,发现有人退票,但要加价30%。是等待还是买下这张昂贵的车票?你的假期只有7天,有什么比实现自己的愿望更能令人愉快的事呢?

小青最近要结婚,到处在看房子。面积、交通位置、价格,都是他考虑的因素。每个周末,他都会和女友一起去看房子,新房子、二手房,看了三四十套。到现在,这个过程还在继续。小青说:"将近一年的时间,腿都要跑断了。"

"难道就没有中意的房子吗?"

"有啊,一套二手房,各个方面都满意,但房主变卦了,不卖了。看好了一套新盘的房子,但是觉得那个位置这种价格有点贵了。后来又去看那个房子,已经没有了。唉,要是当时买下来就好了。"看来,大家要喝小青的喜酒,还得再假以时日了。更要命的是,房价噌噌地往上涨,现在想买连首付都付不起了。

选择等待还是多花些钱来实现你的愿望呢?很多时候,摆在我们面前的机会只有一个。观望和等待,不仅没有节省你的金钱,反而浪费了你大量的时间。我们挣来的钱就是为我们服务的,该出手时就出手,舍得金钱,换来属于你的时间,无形之中,也是在延长自己的生命。

假如你正在上班,忽然想起今天是女朋友的生日,想要给她送花,可是,你没有时间。如果你脱不开身给女朋友送花,打个电话到花店,让他们替你完成吧,你的工作和女朋友的心情丝毫不会受到影响,你只需花掉一点点钱而已。时间过去了便没有了,钱花出去了还可以挣回来,花钱买来的时间,可以让你挣到更多的钱。

我的朋友赵燕是一家药品公司的销售代表。前些日子,她花了一周时间去上 Excel 的课。我问她:"你的生意根本用不到电子表格啊。"她回答说:"是啊,不过我想用 Excel 来分析收入。"我觉得这事完全没有必要,就问:"难道你的簿记员不能花几个小时帮你做这些事吗?"赵燕一惊,她竟然没想到可以这样做。后来她对我说,她打消了用电子表格去亲自操作的打算,改为请簿记员帮她做,结果簿记员很快就能搞定,而她只花了很少的一点钱。省下的时间她可以做自己的业务,赚更多的钱。当然,也可以用这省下的时间去逛逛街,购购物,或者陪老人散散步。

在《活得别那么累——简化你生活的 33 条法则》一书中,作者也阐明了发明创造使人的生活变得简单、便利的道理:

"在生活中我们既需要发明创造等复杂的活动,也需要悠闲和轻松。每个人都希望多挣一点钱,以便为今后能够过上舒适安逸和轻松愉快的生活打下基础。人们建造带花园的美丽房子,是为了享受操劳之后能够舒舒服服地躺在沙发或花园长椅上的惬意;发明复杂的洗碗机是为了让我们在洗碗时多点愉快和轻松;成立物业公司是为了避免邻里之间的冲突和矛盾,使大家和睦相处;还有养老保险、土地买卖、家用电器、行政机构等。我们这个复杂世界创造的所有这一切,都是为使我们生活得更简单,更愉快,更节省时间。"

是的,有很多行业为我们节省时间提供了很好的帮助,不妨花点钱,为自己换来一些时间。

·让快递帮忙

一位朋友说,某天清晨,她接到一个同学的电话,说是庆祝她的生日,要送她一件礼物。不久,她听到门铃响,原来是花店速递来的鲜花。而她的那位同学,在千里之外的另一座城市。

前些天,我的一位客户要生孩子,为了表示祝贺,想送件礼物给她。在公司附近的一家婴幼用品店挑到一款婴儿用品,很满意,但是那件东西太重了(婴儿吃饭的带椅子的桌子),我想我是无论如何也搬不走它的。

付款之后,便叫了家快递公司。一个小时后,收到那个客户的电话:"真是太谢谢你了,我儿子就缺这个呢。"

·找保洁公司帮你做家务

阿琳常常抱怨,周末比上班还累。问她做了什么,她说:"家务啊!一家人的衣服要洗,屋子要打扫。基本上每个周六,从早上8点,到中午吃饭,家务才做完一半。"

"我家的卫生都是找保洁来做的。"同事莉莉说,"做保洁的对打扫卫生都比较有经验,像我家的房子,两三个小时就能做完,也就20元钱吧。我只要告诉他们注意些什么就行了。挣钱是做什么的,是来花的。"

如果你的收入还说得过去的话,不妨找保洁公司的人来为你打扫卫生。这样,你就会有更多的休息时间,到郊外游玩、美容或者健身。你才会有更多的精力去挣更多的钱。

·请护工照顾老人或小孩

如果你的家里有老人或小孩需要照顾,而你又要工作,实在是难以分身,怎么办? 找个保姆或护工来帮忙吧。每个月你要支付给保姆或护工上千元的薪水,但却能使你放心地投入工作,既解决了后顾之忧,又使你的生活轻松一些。舍不得那一千元钱,既要工作,又要照顾老人,最后的结果可能是,老人、孩子没有照顾好,耽误了工作,你也疲惫不堪。

·自己可以不动手的,让别人来做

家里的水管漏水了,怎么办? 有些人会选择"自己动手",先到商店买来修理水管的材料,家里没工具的话,要买或者找朋友借。在你动手修理的时候,可能发现,你买来的材料根本就无法使用。于是,再找商店去换。就这样,大半天的时间没有了,你累得气喘吁吁,也不一定体会到"劳动的快乐"。最后,事情可能被你搞得一团糟。如果打个电话找来你们小区的物业管理人员,情况就会大不相同! 你只需付上一定的工时费和材料的费用,其他的完全不用你去操心,你可以和工人一边聊天,一边看他们工作,只需几分钟,一切就都OK了。自己可以不动手的,就省些力气,让别人替你来做吧。再比如,你的电脑出了故障,而你并不是修理电脑的

行家,可是你偏偏不信邪,自己在家里忙得满头大汗,仍然不能使你的电脑正常运转,你对此恼怒不已,因为有一个重要的文件正等着你起草呢。那么,你何不请一个专门的电脑工程师,让他来为你解决问题呢? 也许,到了人家手上,你的电脑只是出了一点小毛病。你支付给人家的修理费只有 20 元,而你自己却白白地浪费了两个小时。

08 把金钱投资在时间上

人生不售来回票,一旦动身,绝不能复返。

————法国作家　罗曼·罗兰

我们把大把大把的时间都花在了挣钱上,并把大把大把的金钱储蓄起来,或者把那些钱做了各种各样的投资,于是,钱变得越来越多,我们成了金钱的拥有者。

金钱能够储蓄,金钱可以变成更多的金钱;而时间不能储蓄,时间不能变多。有时候,我们还可以从别人那里借来金钱,而时间不能借。一个人一辈子时间的长短也无常,没人知道自己的银行里还剩下多少时间。从这个角度说,时间更重要,更值得我们去投资。

每个人都拥有一笔宝贵的资产——它是与生俱来的,而且人人平等地拥有——那就是时间。最初,我们投入时间去挣钱,但很快地,你会发现在时间和金钱这两项资产中,时间是最宝贵的。当你认识到时间的宝贵和时间也可以以价格衡量的那一刻开始,你将变得更富有。许多人努力工作,生活节俭,通过节俭储蓄了一笔金钱,但他们却浪费了很多时间,把时间白白支付出去了。比如在百货商店里,你看中了一件非常中意的裙子,可是为了节省几块钱,你花了两个小时的时间,从这个商店奔波到另一个商店,对比之后,你又回到了那个商店,也许你真的节省了一点点钱,但却浪费了很多的时间,而时间是可以增值的。生活中,这样的例子一点也不少见。"我买东西,一定要货比三家,一定要买同类商品中价格最低的。"你沾沾自喜地说,但毫无留意,时间就这么从身边溜走了。

你能够通过节俭变富,你也可以通过吝啬变富,但这要花很长的时间。比如,花 3 个小时和 1000 多元坐飞机或 24 小时和 400 多元乘火车都可以从北京到广州,但是,如果你是个企业经理,你对这 20 个小时和几百块钱的差别,会怎样看呢?穷人用金钱衡量价值,而富人用时间衡量价值。这就是为什么有的人总是走在时间的前面,总是比别人有更高的效率的原因。

生活中有许多很有钱的穷人。他们之所以有很多钱,是因为他们把钱看得太重,而且紧紧抓住不放,就像金钱有什么神奇的价值一样。所以,他们虽然有很多钱,但还是像没钱时一样穷。

聪明的犹太人仅仅把钱看做一种交易的媒介。在现实生活中,钱本身没有多大的价值。所以,精明的犹太人一有钱,就想用它去换点有价值的东西。或者干脆把金钱投入到时间中,让金钱在时间这个银行里飞速地增值。

在我们这个发展中的国家中，很多人整日要为生活而苦苦奋斗，挣到一点钱就紧紧地握在手中，为钱努力地工作着，勤俭地过着日子，他们不惜花费大量的时间到处寻找、购买打折商品，尽可能地省钱。很多这样的人想通过节俭变得富有。但是钱是挣来的，不是节省来的。

当然，节约和勤俭应该提倡，但变富的计划的关键是价值。而且，很多人都认为价值是用金钱来计算的。实际上，价值是要用时间来计算的，因为时间比金钱更重要。

如果想获得财富，就必须投资于比金钱更有价值的东西，那就是时间。大多数人想变得富有，但他们不愿意首先投资时间。他们宁愿去经营一些当前的热点投资项目或热衷于迅速致富的计划。或者，他们想匆忙地开始一项业务，而又没有任何的基本业务知识。比如，盲目地投资于股票，或者各种各样的基金，而实际上，他们对这方面的知识知之甚少。于是，股市一旦出现动荡，他们首先遭受损失。也有一些小企业也许会风光几年，但转瞬即逝。为什么呢？他们匆匆忙忙地去挣钱，最后反而失去了金钱和时间。他们只想靠自己去干一番事业，而从未想过先投资学一些东西，或者按照一个简单的长期计划进行。如果一个人能简单地遵循一个长期计划的话，几乎每个人都很容易成为百万富翁，但还是有很多人不愿去投资时间，他们只想一夜暴富。

于是，有人会说，"投资是有风险的"或"要先有钱才能赚到钱"或"我没时间去学投资，我太忙了，我要工作还要付账单。"

而大多数人是工作太忙了，根本没有时间去思考他们究竟在忙些什么。他们经常说："我对学习投资不感兴趣，这个题目也不吸引我。"他们这样说着，同时他们也失去了实现富有的机会。他们成为金钱的奴隶，整日为金钱所累，钱控制着他们的生活，他们勤俭节约，过着量入为出的生活。他们宁愿这样做，也不愿去投资一点时间，制订一个计划，让钱为他们工作。

如果你想进入富有的投资阶层，你就应该打算投资更多的时间。因为时间的价值就像金钱的价值一样，完全体现在如何使用上。怎样投资时间呢？以下的建议你不妨考虑：

·参加专业培训、会议与研习会,以此获得更广阔的专业知识和专业信息；

·阅读相关行业的刊物,扩大信息量；

·参加速读课程；

·参加著名商业学院的经理人训练课程；

·更新你的电脑,让它以更快的速度为你做更多的事情；

·到学校去听课,学习你过去一直感兴趣却没有时间学的科目；

·花时间做一些可以提高你工作效率的小工作,例如花几分钟设定你的电话机,将你经常打的电话号码设定为自动拨号。

第三章

时间管理，从现在开始

　　我们这一生不过短短的几十年，一年也只有 365 天，一天也只有 24 小时。在一天里，我们究竟能做多少事情？一年里我们能达到什么目标？我们安排好我们的时间了吗？其实，只要你更有效地安排自己的工作计划，掌握重点，合理有效地利用工作时间，时间刚好够我们用的。管理好你的时间，你的时间价值百万。

01　写出你的人生目标

人生最重要的在于确立一个伟大的目标，并有决心使其实现。

——德国诗人　歌德

这是一个古老的故事，也许会对我们有所启发：

唐太宗贞观年间，长安城西的一个磨坊里，有一匹马和一头驴。它们是好朋友，马在外面拉东西，驴在屋里推磨。贞观三年，这匹马被玄奘大师选中，出发经西域前往印度取经。

17年后，这匹马驮着佛经回到长安。它重回磨坊会见它的驴子朋友。老马谈起这次旅途的经历：浩瀚无边的沙漠、高耸入云的山岭、凌峰的冰雪、大海的波澜……那些神话般的境界让驴听了大为惊异。驴子惊叹道："你有多么丰富的见闻呀！那么遥远的道路，我连想都不敢想。""其实，"老马说，"我们跨过的距离大体是相等的，当我向西域前进的时候，你一步也没停止，不同的是我与玄奘大师有一个遥远的目标，按照始终如一的方向前进，所以我们打开了一个广阔的世界。而你被蒙住了眼睛，一生就围着磨盘打转，所以永远也走不出这个狭隘的天地。"

我们无意指责这头驴子过的时间没有价值，它一直在做无用功；但我们可以说这匹马走过的日子更有意义。因为它的生活有了清晰的目标——西天取经。

"一个跛脚但目标明确的人，可以赶超一个健步如飞却误入迷途的人。"一个没有目标的人就像一艘没有舵的船，永远漂泊不定，只会到达失望、失败和丧气的海滩。伟大的人生取决于伟大的目标，不一样的目标就会有不一样的人生。现实中，我们看到了太多没有目标的人，他们抱怨命运如何的不公，却从来没有下决心树立一个目标，让自己成就一番事业，

就算一个普通的事情，也很难成就。

20 世纪 50 年代，美国洛杉矶郊区一个没有见过世面的孩子，年龄虽然只有 15 岁，却拟出一个题为《一生的志愿》的表格，上面列着："到尼罗河、亚马逊河和刚果河探险；登上珠穆朗玛峰、乞力马扎罗山和麦特荷恩山；驾驭大象、骆驼、鸵鸟和野马；探访马可·波罗和亚历山大一世走过的路；主演一部《人猿泰山》那样的电影；驾驶飞行器起飞降落；读完莎士比亚、柏拉图和亚里士多德的著作；谱一部乐谱；写一本书；游览全世界的每一个国家；结婚生孩子；参观月球……"他把每项都编了号，一共有 127 个。

当他把梦想庄严地写在纸上之后，就开始循序渐进地实行。16 岁那年，他开始按计划和父亲到佐治亚州的奥克费诺基大沼泽和佛罗里达州的埃弗洛莱兹探险。

到 49 岁时，他已经完成 127 个目标中的 106 个。

这个美国人就是闻名全球的探险家约翰·戈达德。

约翰·戈达德的事迹是不是对你很有启发呢？

人生应该有个大目标。大目标下又可以分解成若干近期目标或叫短期目标。为此，你要做出一些具体的安排，假如你的目标是买房，那你可以选择每月存两千元钱,或者找个理财家帮你谋划一下怎样让你的钱增值,让你买房的目标早日实现。这样长期目标和短期目标就很好地结合起来了。工作也是,你必须为自己的工作定下一些具体的活动。你要为这些活动定出有限次序,以便使你的工作达到最合理的结果。

在列举这些工作内容的时候,一定要考虑全面,在本子上快速写出你需要做的事——这时你可以充分发挥你的想象力,充分调动你的直觉,特别是当你面临着巨大压力的时候,你还可能产生新的想法——于是,你就要尽可能快速地把你的想法写在清单上,不要让你的灵感转瞬即逝。

在列举这些活动的时候,也不必对自己的想法进行任何评估,不要想这个想法有没有可行性,不要把它们标记为"好的"或者"不好的",只要把它们列出来就够了,因为以后你有充分的时间对它们进行修正,删除那些不重要的事情。

列举你将要进行的活动的时候,千万不要因为担心目标实现不了而限制自己。事实上,没有人会限制你一定要执行清单上的内容。先写出来,然后再花时间为它们排顺序。你尽管按照自己的时间和精力来排定,但不要把目标和活动混为一谈。你要把目标分解成一个个可以执行的活动。花一些时间来安排是非常必要的。

假如你是一个想重新投入工作的妇女,那你的第一个目标应该是减肥,因为生孩子、养孩子,已经使你的体形完全变了,这样的形象恐怕是不好找工作的。那你的具体活动可能就包括:

第一步,今晚不吃主食和甜点,本周抽出3个小时分3次去健身房,本月体重最少减掉5公斤;

第二步,到家政公司请一个保姆,先来家里熟悉孩子的情况;

第三步,拿出以前的专业书温习一下,找找当年工作的感觉。打电话给从前的同事,沟通一下工作情况。这样才能确保自己具备重返工作岗位的条件。

假如你是个大学生，给自己定的目标是：一份不错的薪水，一套房子，娶个老婆，过上幸福的生活。短期目标就应该是选定一份合适的职业。于是，要花点时间去了解一些行业，跟自己感兴趣的从业人员交流，从众多的职业中找机会，参加进去。

有一个大学生，参加工作已经 3 年，工作换了好几个，一见到我就说："我又换工作了。"

"你那个工作不是很好吗？"

"什么呀，我一点也喜欢那个工作，整天坐在那儿，一点自由都没有。"

再过几天又说："做业务员不行啊，整天联络，跟人打交道，没法坐下来安心做什么。"

你瞧，这种人不是在浪费时间吗？机不可失，时不再来，抓紧时间，可以创造机会。没有抓住机会的人，任时间随意流逝，成功的机会也减少了。机会对每一个人都是均等的，行动快的人得到了它，行动慢的人则错过了它。所以，要抓住机会，就必须与时间竞争。

要知道，美好人生是规划出来的，选定目标的一瞬间，就决定了你一生的成败。给自己确定一个目标，你便有了努力的方向和动力。只要你为自己订下办每一件事情的期限，并且全心全意地去执行，你就能大大提高办事的效率。只要加上一点点的压力，大多数的人就会把工作做得更好。自我定下的目标和期限会提供给你所需要的压力，使你继续将工作完成。只有在你为一项工作定下一个期限之后，你才会有一个真正的行动计划，否则那只是一个模糊的希望——你想在某一个时间做某件事情而已，你并不确定它将达到一个怎样的目标。

02 分清想做的和必须做的

只有与现实联姻,我们的理想才能结果。倘若脱离现实,理想将永无生机。

——英国哲学家 伯特兰·罗素

从前,有一只乌龟和一只兔子争论谁跑得快。最后,它们决定来一场比赛,看谁成为胜利者。它们在起跑线上同时出发了。

兔子跑了一段后,发现乌龟离得还很远,便躺到路边的一棵大树下休

息,心想等乌龟快追上时再跑也来得及。谁知兔子睡着了。不知过了多久,等它醒来时,发现乌龟已经在终点等着它了!这是最传统的龟兔赛跑的故事,它一直陪伴着我们数个世纪。

那么,兔子为什么会输呢?给我们讲故事的人说:因为兔子轻敌。乌龟虽然跑得慢,但它没有停歇,一直在努力地跑,所以它胜利了。

龟兔赛跑的故事给后人留下了许多想象的空间。

小王大学毕业后到一家贸易公司工作。他的聪明加上努力，业绩提升很快。公司的领导对他也很看重。两年后，小王所在部门的主管工作变动，离开了公司。小王觉得，这个主管的位置非他莫属。可是，出乎他的意料，公司却提拔了另外一名他认为能力等各个方面都不如自己的同事做主管。原来，这个同事除了工作，业余时间还在不断地学习，为自己充电，不断把学到的新知识运用到工作当中，这一点，深得老板的赏识。于是，一有空缺，老板便想到了他。

在知识更新如此频繁的年代，不进则退。小王自恃对公司有很大的贡献，学历也高，但是，由于自身的懈怠，忽视了对知识的更新。所学过的专业知识也变得陈旧，工作中又缺乏创新，忽视了他人的潜力，没有充分了解到对手的情况，因而输给了其他的同事。

在龟兔赛跑这个故事中，实际上，兔子没有分清楚两件事：想做的和必须做的。想做的并非是你必须做的，而你必须做的又未必是你想做的。在"兔子"的一生中，会面临很多这样的选择，想做的和必须做的，哪些事情是必须做的，哪些情况下才可以做你想做的事情。

就像前面所说的小王，虽说对公司有过很大的贡献，但那毕竟是过去的事了，老板看中的，是员工现在的表现。只要你还在工作，并且想被老板重视，你就必须不断地取得新的成绩。你就得不停地往前跑，即便你很想躺在树下睡大觉。更何况，在你的周围，还有那么多的狂奔的兔子和不甘落后的乌龟呢。

抽出一点时间想想清楚，你必须做什么。这不是浪费时间，而是让你更有效率地奔向你的人生目标。

03　分清什么是重要的什么是不重要的

只有每天再度战胜生活并夺取自由的人,才配享受生活或自由。

——神学家　伊拉斯谟

所有的事情都要在一定的时间内完成,这就需要你对自己面临的问题有一个清醒的认识,换句话说,就是要分清事情的轻重缓急。一般来说,有以下五种情况:

·重要而紧急的事

这是立即或在短期内必须做好的工作。比如说,你在 8 点钟有一个股东大会;你的老板要求你明天 10 点以前必须交一份报告;或者你下午要参加一个家长会;或者你要找人修理你的电脑,而你恰好是一位电脑程序员等。除非这些紧急的重要事件同时发生,否则你一定可以应付得过来。因为这类事既紧急又重要,你一定要将其列为第一要务,决不可拖延。

孩童会认为——一切皆有可能,而只有成年人——他们只做对于他们而言最重要的事情。

·重要但不紧急的事

你的体重已经严重超标,你计划着该节食减肥了;

你一直想参加一个咨询师的培训,以便退休后去做社区活动;

你有意向老板提出的新计划;

过去三年来你一直计划去做的健康体检;

订立一个退休计划;

拜访一位律师立好遗嘱;

……

60

这些事情在你的人生计划中都很重要，对你的健康、财富、家人都很重要，但并不是你必须现在就要做的。其实，在我们的生命中真正重要的事大多并不紧急，可以现在做，也可以稍后再说。在许多情况下，正因为这样，这类事就被永远延误下去，使得我们永远找不到时间去做。

· 紧急但不重要的事

这类事需要你立即处理，但是如果客观地看，它们并不重要。比如说，有人请你去主持一场婚礼，或发表演讲，或参加一次学习。从你内心来看，你并不认为这些事很重要，但却很紧急，有人站在你面前等待答应，你一时之间又找不出适当的方式去拒绝，因此才勉强同意。但是这些事都有时间限制，必须如期完成，因此你只好牺牲第二类重要但不紧急的事了。

· 不紧急也不重要的事

许多工作还算值得做，但总有一些事既不紧急，也不重要，可我们还是要抽出一些时间去处理，使得我们把该做的较重要的事暂搁一旁，而先做这些很琐碎的工作。比如说，你出差了整整一个月，刚刚回到公司，本想向老总提一些关于公司业务的想法，结果发现办公桌上文件一堆，杂乱无章，上面布满了灰尘。于是，你决定整理桌上的文件，擦干净灰尘。做好之后，你心想既然这样，何不把办公桌抽屉也整理好，结果一个早上你都在重新整理你的办公室。你说："我感觉出办公室的我对没有完成应该做的事有些失望，但是我安慰自己说，反正我也一直忙着做一些事。我在和自己玩游戏——做不太重要的事，让自己有借口延误原先要做的重要工作。"解决这个问题的最好办法是，尽可能把你手头不重要的事务授权给他人去做。

· 浪费的时间

哪些时间被你浪费了，是不是真的"浪费"，不同的人会有不同的答案。如果我们通过电视，看完一档精彩的"动物世界"后，对生命产生了一种新的看法，那么时间就没有被白白浪费。打一场网球或读一本好书的话，你有了很好的收获，那么我们可以判定时间没有被浪费。对有些人来说，他们没有效率并不是因为浪费时间。有些时间，看似被浪费了，实际上却是一种积极的休息。比如,你在经过一周疲劳的工作后,在周末痛快淋漓地打了一场篮球,你又积聚了能量,在下一个星期一,你又可以精力充沛地去上班了。

04　做重要的事

凡事要三思而后行,跑得太快的人会滑倒。

——英国剧作家　莎士比亚

19世纪末20世纪初,意大利经济学家巴瑞图提出了一个重要的原理。他认为,一件庞大的事务,其中真正重要的部分只占了整体的很小一部分。这个理论有时又被称为"重要的少数"或"繁琐的多数",也可称为"八二定律"。生活是复杂的,每个人都有喜怒哀乐,都有亲朋好友,都忍受着无穷的琐事干扰。完全回避是不现实的,但是,对于一个想干事业的人来说,必须分清事情的主次,哪些是必须要做的,哪些是不需要做的,哪些事关照一下就行,哪些事干脆应该放弃……从而为自己预留下充足的时间和最多的精力。你驾驭不了时间,你的梦想就会成为泡影。有的人运用"八二定律"成功地解决了自己在工作中遇到的困惑。

某日,一个朋友的博客出现了他和太太在海边的照片,还有在某个精致的餐厅用早点的情形。顺便还有一条好消息,他又升职加薪了。而曾经,这个朋友被工作搞得筋疲力尽,甚至想辞掉那份令人羡慕的高薪工作,因为他认为工作占据了他生命的全部,他无法忍受了。

看到他的好消息,朋友们都跟帖祝贺,问他何以取得了这样骄人的业绩。而在以前,他曾说:"我要是能在这里待到8个月,就该算是个奇迹了。"现在,他在那里已经3年多了!他的博客上经常跳动着快乐的文字。

"是啊,那一段时间,真的是糟透了,尤其是刚到这里工作时,工作的压力和忙碌简直让我透不过气来。不过,我终于想出了应对的方法,现在的工作和生活对我来说游刃有余。"

"一天到底要做多少事呢?我不止一次地问自己。其实,事情是永远做不完的。而人的精力和时间总是有限的。"

"终于有一天,我下定决心,在睡觉的时候关掉了手机和电脑。我想看看,这个晚上会有什么事情发生,结果早上起床,和昨天没有任何不同。太阳照样从东边出来,公司的班车依然是在 8 点钟到达班车站,在公司食堂打工的那个小姑娘依然面带微笑问我们吃点什么……"

"想想看,一天的工作,无非就是跟踪客户和解决客户的问题。把自己的客户归类,把客户的问题归类,尤其是后者,我在自己的电脑上建立了一个问题库,事先写好解答问题的邮件。每天分三次处理客户的邮件:早上刚到公司时,中午的例会时间,下午的例会时间。大致看看邮件的内容,属于同类性质的问题,群发邮件而不是每次只回复一个邮件。"

"重要的是处理好大客户的问题,小单子,丢了也就丢了吧,人不可能做到面面俱到。"

"我把'八二定律'用到了自己的时间管理上,结果我摆脱了大部分繁琐无用的事。"

"以前到家也是待在电脑前,现在呢,陪自己的太太到街上转转,或者到小区的健身中心做运动。"

"不再拼命地做事情,生活反而变得越来越好,对这份工作也更加有兴致了。"

看看你自己的工作和生活,找个时间,静心思考,这一段时间,我做了些什么?今天我做了什么?你是不是做了很多事情,却觉得什么事情也没有做呢?我们每天都在做事,做事的结果却大不相同。关键就是没有做重要的事情。

一天要做的事,不在于多,而在于精,在于把握重点,在于做重要的事。我们经常抱怨没有时间,是因为我们把太多的时间和精力用在了那

你一年的8760小时

今天我做了什么？

些不重要的事情上。

朋友说,他现在会把"1 天"的时间看作是由自己主演的"24 小时戏剧"。家、办公室和晚上联谊的场所就是"剧场或舞台";家人、同事和朋友是"同台演出者";在各处发生的事情和进行的对话是"台词和剧本"。为了使自己的一天更加精彩,他对作为"演员"的演技、服装和小道具都有一定的要求,对"故事整体的进度和自然的场景转换"也很在意。制订"一天的计划",但不是制订一个死计划。

戏剧家写剧本前,通常在动笔之前勾画出故事梗概。有的天才的戏剧家甚至不全写出来,比如导演王家卫,只是在头脑中有大体的构思,然后在导演过程中不断完善,所以他拍一部电影往往要花上几年的时间。但我每天要上演自己的戏剧,我就要在前一天晚上或当天早上制订出一天的计划。例如,当天"下午 1 点至 4 点开会报告情况,晚上 6 点聚会"。那么首先要制订出"中午前和同事们商议下一步工作计划""下午时检查项目，之后开会"的计划，进而决定"早晨 10 点之前收集各种信息以便及时向老总汇报"。一天的"戏剧"就这么有条不紊地上演了。

为了晚上和妻子或者朋友的聚会，需要制订"会议结束后至 5 点收发邮件和进行业务联络，剩下的时间整理电脑磁盘中的资料"这样的计划吧。

制订出合理的计划和"剧本"，是演好当天的"戏剧"必不可少的准备工作。"剧本"准备得好，你的剧情就更好看。

05　只做今天的事

失败与成功的界线如此微妙，我们跨过它时极少察觉，以至我们往往意识不到自己就处在这条线上。

——美国出版家　艾尔伯特·哈伯德

下班了，可能你在所有工作目标后面都画上了"√"，长长地出了一口气，终于可以心安理得地下班了。在你刚要伸手关电脑的时候，老板走了过来：

"那个方案做得怎样了？"

"正在做，这周肯定能做完。"

"啊，上次大家讨论过的那个小的方案，是很重要的，能不能先把那个做完，如果这个先做完了，对公司非常有好处。"

"……"

怎么办？是关上电脑回家，还是继续坐下来把那个所谓的"小方案"做完再走？虽然那个"小方案"对你来说很容易就可以完成。

你可能会留下来，因为那毕竟只是个"小方案"，而且你也对它做过一些思考，只用半小时就可以了。但是，这个方案却是你正在做的那个方案当中的一部分。你并没有计划先将它拆出来,毕竟它只是全局中的一个点。

你完全可以告诉你的老板,这个"小方案"是你正在做的那个方案中的一小部分,如果现在将它拆出来,会影响到要做的事情的整体性,不但不会很快地带来收益,而且还会影响你的工作效率。

只要你跟老板说清楚,一般情况下,他是会同意你的。

每天只做那些计划要完成的工作。那些计划外的,除非重要到今天不去完成公司就会破产,那是无论如何也是要完成的。否则,它们便不是今天要做的事情,且将它们搁到一边去吧。

令人不解的是,5点钟下班铃声响过后仍滞留在公司加班的现象却很严重。除了上述原因,也可能是我们自己造成的,"工作还没有完成"、"上司还没有离开"等都会有意无意地成为我们下班不离开公司的理由,但这种理念是极其错误的。遇到下列情况时,不管怎样要尽早离开公司:

·工作没有完成时→留到明天再做。

·上司还没有离开时,要昂首挺胸地离开,要知道很多上司因为"部下还没走"而不好意思先走。

·5点以后有计划时,你尽管按计划行事。家庭事务、自我充电和放松、与朋友聚会等,它们与你的工作同样重要。

·5点以后没有计划时要注意了,此时最容易造成长时间加班,应该尽量避免这种情况出现。即使没有特别的计划,你也要按时离开公司,去商店或超市购物、到书店看书、回家看电视、上网冲浪、和朋友见面交流一下,这些都可以使你的生活变得丰富多彩。最重要的是要给自己设定一个时间限度。

把今天的事做好,余下的时间只做自己想做的事。你会慢慢觉得,其实,工作只是我们人生的一部分,当我们以这样的心态认真地对待工作和人生的时候,会发现,时间对每一个人都是丰裕的,在这可以分割的一段段时间内,做每一件事都是有意义的。说自己没有时间,只是我们没有处理好今天的事,留下了未完的尾巴,让人徒生烦恼而已。更何况明天还有明天的事呢!

有这样一个故事:

从前,有一位小和尚,每天早上负责清扫寺院。春天,万物复苏,小和尚很高兴每天都能看到小草出土;夏天,小和尚每天都能看到鲜花盛开,这让他很兴奋。很快,秋天来了,在每个冷飕飕的清晨,他起床做的第一件事就是扫落叶,他发现,每一次起风时,树叶总随风飞舞落下。每天早上都需要花费许多时间才能清扫完树叶,这让小和尚头痛不已。他一直想要找个好办法让自己轻松些。后来,有个和尚跟他说:"你在明天打扫之前先用力摇树,把落叶统统摇下来,后天就可以不用辛苦扫落叶了。"

小和尚觉得这真是个好办法,隔天,他起了个大早,使劲儿摇着那些树,树叶"哗啦哗啦"地落了下来,小和尚把树叶扫得干干净净。一整天他都非常开心,以为明早就不会有那么多落叶了。

第二天,小和尚到院子一看,不禁傻眼了:院子里如往日一样是落叶满地,在风的吹动下,哗哗地响。

老和尚走了过来,意味深长地对小和尚说:"孩子,无论你今天怎么用力,明天的落叶还是会飘下来啊!"

工作中,我们也常常和小和尚一样,企图把明天的工作都在今天解决掉,而实际上,很多事是无法提前完成的。有一位公司主管,工作非常努力。每天工作的8小时,几乎没有休息的时间,常常是一边吃着午饭,一边工作。大家叫他一起吃午饭的时候,他总是说,"我的事还没做完,你们去吧。"或者对他的助理说,"你们吃完了随便帮我带点",或者打电话到公司对面的快餐店订餐。然后,继续工作。

他常常在QQ上给他的助手和同事发出这样的信息:

"明天,你记得提醒我一下,我要到 x x 公司去联络工作,我怕忘了,唉,忙死了。"

"明天,你记得让小张把那个网上宣传资料更新一下。"

"王总说,咱们要上一项新的业务,明天,你能不能帮我也想想这件事?"

……

明天,明天……明天再说吧,明天的事明天做,这样不好吗?

我们也许能计划到明天的事情,但无法预料明天究竟会有什么事情发生。把明天的事情拿到今天来做,很多时候是徒劳无益的。过多地思考明天的事情,只会占用你的大脑的空间和你今天的时间,导致今天的事情无法顺利完成。拖到明天,结果是不能令人满意的。不但会把自己搞得疲惫不堪,也会把工作搞成一锅粥。再悲惨的结局可能是你被老板炒"鱿鱼",而你还觉得万分委屈。

明天会有更多的事情等着你。生活就是如此。你总是有各种各样的事要处理。不仅如此,你的上司、下属、朋友、家人也会不断地给你布置一些新任务,你还有自己的计划、梦想、希望,还有生存的种种压力。特别是在今天,社会的进步、经济的增长、人口流动性的增加、知识更新的速度、人才的激烈竞争,让人人都面临着前所未有的巨大压力,而一个人的时间却又非常有限,事情永远也做不完。

那么,只做今天的事,明天的事就明天做吧,要知道一切工作都是有秩序的,按时间进行就是了。

06　中午前高效率地工作

保证未来价值的最有效方法就是积极勇敢地直面现在。

——美国心理学家　罗洛·梅

你是不是有过这样的经验,午餐吃完了,总是觉得有点困倦,趴在桌子上昏昏欲睡。1点钟,该工作了,你还是浑身乏力,打不起精神? 然后会对身边的同事说:"怎么回事啊,这么困?""是不是昨晚睡的太晚了?""没有啊,我上午蛮精神的,做了一个计划书,很完美耶。看来是我的生物钟太准了,一到下午就打蔫儿。"

我有个朋友做编辑工作,每天要看数万字的稿子,他说:"我几乎一天看6万字,可能一上午就能看4万字,而且质量非常好。下午,感觉就不好了,看的少,质量也不能保证。如果我上午只看了3万字,下午只能看两万,晚上就不得不加班了。"

这就涉及一天中的最佳工作时间问题。一般来说,早晨8半点至12点为上午的工作时间,午休1小时,下午到5点下班,实际工作时间为七八个小时。如果单纯从数字方面计算,上午应该完成了全天工作定额的一半。但是事实上,午休前的正午时分是"工作效率的转折点"。一天的工作大部分都在上午完成了。

这是普遍的现象,原因在于上午人的思考能力最强,脑细胞最活跃,工作效率也就高。下午人的心情松懈,认为完不成任务也没关系,可以晚上加班。

你一年的8760小时

意识到了这个现象，我们不妨从一开始就抱着冲刺的紧张态度，提高工作效率。中午前的时光，你必须保证自己在不被干扰的状态下完成一天中最重要的事情。

首先把上午的时间充分地利用起来。特别是尽量不用上午的时间开会。如果必须开会，也应尽量减少说话的时间，能用一句话说明白的事不用两句话，能用5分钟说完的话，决不延长到10分钟。俗话说："蛙叫千声，不如晨鸡一鸣。"美国著名作家马克·吐温在回答"演说词长的好还是短的好"时，幽默地说："有个礼拜天，我到礼拜堂去，适逢一位传教士在那里用令人哀怜的语言讲述非洲传教士的苦难生活。当他说了5分钟后，我马上决定对这种有意义的事情捐助50元；当他接着讲了10分钟后，我就决定把捐助的数目减至25元；当他继续滔滔不绝地讲了半小时之后，我又从心里减到5元；最后，当他又讲了1小时，拿起钵子向听众哀求捐助并从我面前走过的时候，我却反而从钵子里偷走了两块钱。"

其次是制订下班后外出或者约会的计划，这样可以防止下午心情松懈，而集中一切精力完成工作任务。也就是要求自己必须完成本工作日的工作计划。心理学家曾做过一个实验，一项工作如果设定了完成时间，那么人们的工作效率整体看来呈一个波浪形：开始时效率非常高——效率逐渐降低——临近完成时间时效率上升。这就像长距离的竞走比赛一样，选手的速度同样呈这样一个波浪形。有了这样的计划，你会发现生物钟对你工作效率的影响大大降低了。

然后，你可以把你这一天的工作计划写在一张卡片上，放在自己的口袋里，以便随时提醒自己。当然更好的办法是把卡片放在办公桌上能看得到的地方，上面除了记着你的工作计划，你还可以写上："我花在打电话上的时间是否太长了？"因为有时候你可能确实用很长时间在打电话，而这个电话其实是无足轻重的。那么这张卡片就可以提醒你缩短打电话的时间，还可以婉转地提醒别人你是有计划的，不要轻易来干扰你。这样你就可以保证每天上午高效率地工作了。

07 不要把日程排得太满

生长与变化是一切生命的法则。昨日的答案不适用于今日的问题——正如今天的方法不能解决明天的需求。

——美国总统 罗斯福

我们每天都会有大量的日常工作要做,为了使我们的工作有秩序,高效率,我们都会给自己的工作定个日程表,一般都是在早上刚上班的时候,如果是一名管理人员,一天的日程包括开会、拜访客户、接待来访等多项工作,要想把这些工作都安排好,需要把时间进行细化,甚至要以分钟为单位制订日程。于是,我们看到不少人士的桌面上都有一个台历,或者笔记本。这样一天的工作日程就一目了然了。"9 点至 10 点开会"、"10 点半接待客人来访",如果不出现意外情况,3 点至 3 点半可以做点临时事情,或者稍事休息。如果有人提出"需要召开一个紧急会议",根据笔记本上的日程立即可以制订追加计划"10 点至 10 点半开会"。但这只是一个理想状态,事实是,这样的计划往往很难实施。

刘先生是一家大型房地产公司的部门经理,他所在的公司每天早上要召开例会。一次,早会的会议安排中,只讨论两个销售方案,没想到,在讨论中却杀出了第三个方案,而这第三个方案也有相当一部分人赞成,这就出现了分歧,会议不得不推迟,会议结束时,已经 10 点半了。这时,公司老总又临时追加了一个紧急会议,他是必须参加的,结果紧急会议占用了一些时间,约好 10 点半见面的客人等了很长时间,客人很不满意,不高兴地走了,结果刘先生失去了一个大客户。

类似的事情比比皆是,大多是因为对时间的估计有误,或者因为出现无法预料的意外事件造成了这些令人尴尬甚至不堪的结局。比如你知道

你一年的8760小时

穿过市区赶赴早上 10 点钟的约会 30 分钟就可到达,于是你在 9 点 30 分出发,不幸的是路上塞车,你只好望着长长的车龙不停地叹息、跺脚,等你到了约会地点,已经 11 点多了。或者,你预计一项工程 5 天的时间可以完成,可是当工程启动之后,客户突然向你提出一些让你为难的要求,致使你无法按时完工。所以,很多时候你不能如期赴约或如期交货,并不是因为你态度不够端正,也不是因为你能力不足,而是因为一些突发事件使你无法顺利完成任务。

所以,不要把日程安排得太满。你要学会给自己预留一些时间,可以使你在突发事件发生时不至于进退失据。要知道,事先有所准备总比事后补救更有效,就是常说的"小洞不补,大洞吃苦"。

把日程安排得太满,出发点可能是为了提高效率,但是"一旦发生了意外情况",整个日程就会被打乱,工作反倒陷入无序状态,完不成预期的工作任务,结果在下班回家的时候,你也许还会感觉很沮丧、焦虑,甚至紧张。

就像上面说的刘先生，他根据自己的经验提出两个建议：

· 在每个计划的前后都留出大约 30 分钟的机动时间，使得每个计划之间有个缓冲的空间，也就是给自己和别人都留下了余地。

· 使用不同的笔记本，但不要把时间划分得过于细致；每天的日程计划一个大概就行了，因为像做销售这一行，时间是很不确定的，最好以"一个星期"或"一个月"为单位做工作计划。这样时间就很灵活了，对自己对客户都会方便一些。

我在公司做行政，喜欢使用"星期型"笔记本。每个星期的事安排出来，即使中间出现紧急情况需要应对，也有时间安排了，这样就会避免回答"好像没有时间了"这样的尴尬，老总对我的安排也很满意。

如果在设定日程安排的时候过于僵硬，你就会感觉自己好像被时间牵着鼻子走，觉得自己的所有时间都被精确地刻在时钟里，于是，工作变得毫无乐趣。记住，不论做什么事，你首先要清楚：它要比你预期的更耗时。如果每次困难出现之前你就能预料到，那再好不过了，但那是不太可能的。尽管如此，你却可以预料事情将要发生的可能性。因此，你在安排每项工作时要学会给自己预留一些时间。如果你运气足够好，没有什么事在这一期间耽误你，你还可以有一点多余的时间安排下一个任务。

在日程中留有余地，也就是为自己多留一点自由时间，你会感觉自己对工作有了更好的控制，你处理起问题会更游刃有余，工作效率不但不降低，反而更有提高了，而且心情舒畅。这是时间管理中的一门艺术，是你必须掌握的技巧。善于利用时间的人，永远都可以找到充裕的时间，这是因为他们参悟了时间的真谛。

08　不要追求完美

如果仅仅就变化论变化,则只是变动不羁,倏忽即逝,这是低能的表现。真正了解变化在于把握住在变化中完成自身的永恒目标。

——美国哲学家　约翰·杜威

有一个男人年近古稀,却一直在找寻完美的妻子。有人问他:"您还在找寻吗？什么时候才能找到呢？"

他非常坚定地说:"我一定要找到完美的女人做我的妻子。"

"可是你已经寻找几十年了,您都快70岁,没有多少时间了,放弃吧！"

他却说:"我也想放弃,可是没有完美的妻子,我就不会幸福,我又怎么能够放弃呢？"

朋友又问道:"这么多年来,你真的没有见过完美的女人吗？"

他说:"不,见过。"

于是,朋友好奇地问道:"那你为什么不和她结婚呢？"

年逾古稀的老人悲哀地说:"那是不可能的。因为她也在找寻完美的丈夫。"

人生不可能事事都如意,也不可能事事都完美。追求完美固然是一种积极的人生态度,但如果过分追求完美,而又达不到完美,反而会变得毫无完美可言。

追求完美者总是在反思,"我已经全力以赴,但我还是觉得那不够好；我已经付出我的所有,但我想那还不够多"。当这种"完美主义"欲念侵蚀你的头脑时,你就永远也不会尝到"知足常乐"的滋味了。

曾经有人批评英国首相丘吉尔做事"不够尽善尽美",丘吉尔并没有

她也在找寻完美的丈夫。

直接反驳，而是讲了一个小故事：

一天，在普利茅斯港，有位船夫救了一名即将溺死的少年。一个星期后，一位太太叫住这位船夫："先生，上星期救我孩子的人是您吗？"

"是的，太太。"船夫回答。

"哦，我找您好几天了，我孩子当时戴的那顶帽子呢？"

这位太太实在是太过分了！她非但不向船夫报以感激之辞，反而指责船夫不细心、不完美，真是到了可笑的地步。

追求完美是人类的天性。这没有什么不好。人类正是在这种追求中不断地完善着自己，使得自身脱去了以树叶遮羞的衣服，变得越来越漂亮，成为这个世界万物之精灵。如果人只满足于现状，而失去了对完美的追求，那么人大概现在还只能在森林中爬行。我们总是尽最大的努力，追求尽善尽美，愿意付出很大的精力去把它做到天衣无缝的地步。音乐家总是在捕捉自然和自身的灵感，使我们得以欣赏到天籁般的音乐；服装设计师不停地设计出时尚而漂亮的衣服,使得我们的衣着更加完美和实用;建筑师总是在变换角度,使我们的房子更加具有美感……追求完美不是坏事。

完美是一句极具诱惑力的口号,也是一个美丽的陷阱,将我们陷进里面的泥塘,我们却以为是席梦思软床。我们就是这样跌进完美自身所造成的误区里。于是,我们要求一个策划文案尽善尽美,要求一个演讲能打动所有人的心,甚至要求每一种化妆品都适合所有的女性……

恋爱时,众里寻他千百度,英俊、富有、学历、家庭……一个都不能少,总幻想着有个最美好的罗密欧或朱丽叶在等着自己,偏偏可能是在挑选和等待的时间里错过了最适合自己的。结了婚,完美的恋人的形象打了折扣或彻底破灭,又开始新的一轮完美追求;生了孩子,幻想着孩子即使不是天才,起码要出人头地,不能再像自己一样委屈了自己。于是,让孩子从小学钢琴、学绘画、学外语……要上最好的小学、最好的中学、名牌的大学,将来还要出国留学,哪怕自己再苦再累,也要给孩子最好的……自己年轻时未尽的宏伟蓝图,尽情勾画在孩子的身上和心上。于是,孩子成了完美主义的最直接的受害者……

追求完美可能是在浪费时间!有些人做得是有过之而无不及,成了完美主义者。但一个成熟的人不应该为追求完美付出太多的时间代价。罗伯特·海姆勒说:"它们并不想要你把事情做好,他们要的是你在星期五做完它。"做事力求完美要花更多的时间,而且无论在任何情况下,说一句让完美主义者失望的话:完美既不可能也不必要。做事认真、仔细、全面可能是必要的,但是我们可能没有必要花时间使每一个细节达到完美。很多人追求完美,这不是什么错,但我要提醒你的是:完美必须适度。关键是要在工作质量和完成的时间上实现两全其美。这是需要我们付出努力才能做到的。

追求完美到了过分的程度,那追求便成为一种牵绊,让你在追求的路上摔跟头,受挫折。还是收起那完美主义的想法吧,要知道,没有最好,只有更好。

09　井井有条而不是杂乱无章

不要放弃你的幻想。当幻想没有了以后，你还可以生存，但是你虽生犹死。

——美国作家　马克·吐温

无论是工作还是生活，缺乏条理，都将导致实际问题，甚至使人感到力不从心。下面的问题是不是在你的身上也或多或少地存在呢？

·桌子上凌乱不堪，你无法轻松地找到文件和资料；

·日志记得乱七八糟，有时，一件事会在日志中反复出现；

·喜欢"跳任务"，在各项任务之间跳来跳去，试图在规定的时间期限前完成多个彼此冲突的任务，做事毫无规律；

·开会迟到，准备不足，发言语无伦次；

·公文堆积如山，不知道该处理哪些文件；

·不清楚事情的轻重缓急；

·工作一团糟，完不成工作任务，不得不天天加班；

·沟通不畅，记录不周，人际关系越来越糟；

……

上述现象假如在你身上体现出几项，那也是很糟糕的事。因为你付出了双倍的努力，去理清这些事情，结果浪费了时间，错过了期限，让老板对你很不满意。有时，你已经明显投入了所需要的时间和精力后，还是没有交上令人满意的答卷。更糟的是，假如你天天在一大堆乱糟糟的文件里翻来翻去，好像你有很多工作，你很忙，实际上是杂乱无章，这些欠佳的表现，大家都看在眼里，别人会认为你是个喜欢虚张声势的人，很不可靠。这样的结果是：不仅影响工作，也会影响自己的晋升前景。大家都不愿意和没有条理的人合作共事,真是一件很麻烦的事。你还会把工作上的杂乱无章带到家里,使你的家庭变得紧张无序。

当然,我们都清楚地知道做事无条理的不利之处,那么如何才能变得有条理,而且一直保持条理分明呢?关键还是有计划。对人生有个长远的计划,那是你一生为之奋斗的目标,也要有个短期计划,比如年计划、月计划、周计划乃至一天的详细计划。

然后,你要从一项一项的具体工作开始,比如,清理你的办公桌。杂乱的桌面使人无法专心地做一项工作,因为你的视线不断地被其他的事情所吸引,你控制不住自己会转移注意力,杂乱也会使人紧张并有挫折感,这种感觉使人觉得精神散乱,而且好像有被"积雪"压在下面的沉重感。

如果你发现你的办公桌凌乱而没有头绪时,你必须花点时间整理一下。把所有的文件纸张,再重新看一次,不妨把你的文件分成几类:

- 需立即处理的;
- 次要的;
- 待办的;
- 参考数据。

把那些没有用处的记事卡、账单、处理完了的文件仍到纸篓里,重要的文件不妨使用碎纸机。总之,让你的办公桌简单起来,你的心情也会豁然开朗。然后,把你工作日志上的工作分为几等,如:

- 优先;
- 重要;
- 正在进行;
- 获得更多信息;
- 阅读。

再按照工作日志标出的,一件一件有计划地进行,你会发现,你的工作变得简单而富有成效了。你在公司的各种会议上变得自信,你的人际关系也更加通畅了。

那么，不要忘了，每天下班回家前，把办公桌稍事整理，是个标准的好方法。这样，第二天你的工作就有个好的开始了。

至于桌上摆的一些装饰品，你的娇妻爱子的相片、有纪念性的镇纸、时钟、温度计以及其他的小摆设等，为何不把它们都摆到一个架子上呢? 这样就不会占据你宝贵的工作空间，也不会在视觉上使你分心了。

10 用一秒的时间看看终点在哪里

当你透彻地了解自己时，你就知道放手与抓牢的时机，懂得保持生活平衡，把握住自己珍惜的东西。这样，当机遇降临时，你就会意识到。

——佚名

龟兔赛跑的故事流传了几千年，可是从来也没有淡出过人们谈论的范围。有的人好像总是和兔子过不去，完全不顾及兔子们的自尊。第一次比赛兔子输掉了，于是它们两个决定再来一场比赛。"出发"的号令一发，兔子便如脱弦的箭一样疾射而出。它一刻也不敢停留，可是它还是输了。

为什么? 它跑错了方向。如果那只兔子在比赛前看一看终点在哪里，乌龟哪里能赢得了它呢?

小范是个工作能力非常强的人。大家也对他佩服得很，他想做什么便去做什么。几个月不见，他可能已经在做另外的工作了。毕业三年，他的工作换了五六个。他总是说："那个工作对我不合适，我想我做市场可能比较好一些。"去年年底，他又换了工作，到一家做汽车用品的网站做市场。初时，他很有信心，对他来说，这次跳槽使他向理想靠近了一步。可是，忽然有一天，接到他的电话，他说他在我们公司楼下，一起吃午饭。

席间聊起他的工作，他说他要去应聘一个新的工作。"你在这个网站的试工期满了没有?""还差个把月吧,我觉得这家公司不太适合我,规模太小了。新浪现在正在招聘体育频道的编辑,我也喜欢体育啊,我想做这个肯定合适。另外,它名气也大,如果以后不在那里做了,再找工作的话,也好找一些吧。""人家都要有经验的,到了那里就能很快进入状态的,你没做过这个,可以吗?"我问。"今天我就是去那里面试的,刚好从你这儿路过,约的是下午两点,时间还早,吃过饭再说吧。"

他到新浪的应聘终于没有成功。第一次面试便被淘汰了。还好,他在那家汽车用品网站的试用期也满了,并且签了合同。打电话劝他,如果那里还可以的话,就在那里多做些时间吧。

如今,年近三十的小范还是孑然一身,还住在租来的房子里,工资还是3000多元。看看他的同学朋友,大多已经成家,有了自己的房子,有的还有了私家车,或者做到了公司的中高层管理职位。大家都是一同参加工作的,别人似乎都比他混得好。

就像那只兔子,假如比赛前它用一秒的时间看好终点在哪里,就不会背道而驰,就不会输掉了。

小范在工作以后,假如能拿出一些时间,好好想想自己想做什么,专长又在哪里,希望通过什么方式来达到自己最终的目的,也许他会有更好的发展。否则,即便你是一只有着"高速奔跑"能力的兔子,跑得越快,反而离自己的目标越远。

这是时间管理中一个致命的"红灯区",一旦误入这个"红灯区",我们就背道而驰,就要浪费许多宝贵的时间和精力,延缓成功的到来。同样,当你失去目标的指引时,势必要迷失方向,误入歧途,浪费时间,所以你首先要清楚自己追求的目标是什么。

法国科学家约翰·法布尔实验中曾经发现了一个有趣的现象:

法布尔把若干个毛毛虫放在一只花盆的边缘上,让它们首尾相接,围成一圈,然后在花盆周围不到6米的地方,撒了一些毛毛虫喜欢吃的松针,毛毛虫便开始一个跟着一个地绕着花盆爬行。一小时过去了,一天过去了,毛毛虫们还在不停地转圈。它们一连走了七天七夜,终因饥饿和体力透支而死去。其实，只要任何一只毛毛虫调转了方向，它和它的伙伴就能走上一条生路。

　　一个人若失去了自己的人生方向，只是一味地随大流，就会落个像"毛毛虫"一样的下场。要知道，目标是做事的原动力，是节约时间的法宝，是走向成功的基石。

　　对自己没有一个清醒的认识，不知道自己能干什么，想干什么，漫无目的的在职场换来换去，其实也是一种浪费时间的行为。因为不断地变换工作将使你之前所做的一切被否定，包括你所学的技能，你所经营的人际关系网络以及你业务知识的积累，而这对你绝对是个大损失。所以，在出发前一定要看清楚终点在哪儿，确定方向，再朝着那个终点拼搏，而这也许只需要你用一秒钟的时间。

第四章

聪明地工作，让成功提前到来

　　这个时代缺的不是老黄牛，而是善于利用时间又懂得规划时间的人。不要总是说"我没有时间"。好好想想，我们有多少时间在做无用功，可不可以使我们的时间更加有效更加高效，在有限的时间里创造更多的价值。观念决定成败，聪明地工作，成功会提前到来。

01　不做"公司蛀虫"

缺少机会一向是意志薄弱、优柔寡断的借口。机会！每一个人的生活都充满着机会！

——美国成功学导师　奥里森·斯韦特·马登

一位评论家说：现代社会，不仅消费品来自公司，生活区被公司高楼包围，文化被公司操纵，欲望被公司生产，最重要的是，你得从公司获得供房、养车、看病、养家糊口所需。公司，已经成为现代人生活和活动的主要场所。

加班的次数越来越多，回家的欲望越来越少，心里的压力越来越大，一群忙碌于都市各个写字楼中的年轻人，越来越把公司当成自己的家。更有一些公司，以"人性化"的办公理念，为"公司蛀虫"们营造出了一张"生活工作两不误"的温床。他们吃饭、活动甚至恋爱，都在公司或公司附近进行。因而，一些上班族就获得了"公司蛀虫"的"光荣"称号。

互联网最大的好处是给人们提供了最便捷的信息方式，记得在网上曾看到一个网友的名为"单身公害，下班后去哪里"的帖子：

单身公害就是年纪一把却依然形只影单，同时又不甘寂寞喜好四处撒野的男女。当周围那群狐朋狗友都是光棍的时候没觉得，等到别人嫁的嫁、娶的娶、同居的同居、去世的去世的时候，忽然发现一个要老命的问题——没人陪你玩。在这个时候千万不能给那帮没良心的打电话，否则你就会听到：

"你真幸福，我老公现在才不让我出去玩呢，一点自由都没有。上次陪他的朋友去跳舞，还差点和别人打起来，就因为那个男的老想找我跳舞……"

"吃饭?我这正做着哪,我老婆生病了,不能用凉水,所以我做。要不你上我家来?"

"别扯了,赶紧回家洗洗睡吧。我说你就别整天瞎耽误了……"

生活圈子越来越小,人越来越懒,唯一的好处就是可以在加班的时候踏踏实实。

在看似调侃的文字背后,更多的是无奈和伤感。

在北京、上海、广州这样发达的大都市,许多年轻的上班族都不是本地人。在这些城市里,他们没有真正意义上的家人,朋友也不多。所谓的家,只是自己租住的房子或公司的宿舍。他们的生活圈子就是家和公司之间的一条直线,生活单调而乏味。我认识的一个叫小雅的女孩就是这样一个工作在异乡的人。

小雅大学毕业后不想再回到自己从小生长的那座小城,在北京找了份工作。刚刚开始工作,收入有限,和几个朋友在远郊租了一处房子。下班后,她要在公司待到很晚才回家。走早了,路上车多人多,还不够烦心的,到家也还是很晚。再者,到家也没有什么事可做,还不如在公司上上网,看看自己感兴趣的东西,和朋友聊聊天,或者加班挣点加班费。

于是,"以公司为家"的理念便渐渐深入人心了。小雅的老板也提倡这个理念,全公司的员工便响应号召,把公司放在第一位。下班了,老板还留在办公室处理工作,作为公司的职员,都想给老板留下"好员工"的印象,老板没有离开,员工哪能走呢?这样,小雅留下来加班变得十分合理了,甚至连老板都认为为公司加班加点的工作是天经地义的。

像小雅这样二十几岁的年轻人,除了工作,还应该是享受浪漫生活的时候,可她很少能享受到风花雪月的时光。为了保住那份工作,她不得不放弃了属于自己的一切时间。

和小雅比起来,她的同事何女士则经历了一个曲折的调整过程。何女士作为公司的业务骨干,晚上十一二点才到家是极平常的事,即便是休息日,电话也会响个不停。偶尔在家吃饭,也常常是一边吃饭,一边吩咐

公务。终于有一天,她的先生失去了耐心,和她大吵一通,然后睡到了客房里。何女士反思自己的生活,因为工作,她对家庭确实没有尽到责任。她开始学着下班早点回家,经过一段时间的调整,终于使工作和生活取得了一些平衡。但是,何女士明白,完全脱离"蛀虫"的生活是一件极其不易的事,即便公司没有号召,在压力之下,也还会时不时地做一回"公司驻虫"。

一旦成了"公司驻虫",还谈什么个人时间呢?"没时间啊"便成为这一类人使用率最高的词汇。

02　不把私事带到办公室

工作是医治人类一切顽疾和厄运的良药。

——英国散文家、史学家　托马斯·卡莱尔

将近一周的时间,都没有朋友琳的消息,是不是她出现了什么麻烦?忽然有一天,收到她的短信:"有什么事情你给我发短信或者打电话,公司现在无法上网。"

无法上网?网络时代不能上网,简直是要命的事情。她们公司又是做 B2B 的电子商务公司,怎么会无法上网呢?

后来才知道,她们公司的一个软件测试人员,上班的时候用 MSN 聊些和工作无关的事情。第一次老板从她身边经过,她在那里和朋友正聊得开心,老板没有理会。有同事提醒她,让她小心一些,免得再被老板看到。其实,员工使用 MSN 也是为了方便工作:和同事交流,和客户沟通。当然了,偶尔聊些和工作无关的事情也在所难免。但是,凡事都有个限度。

她的这位同事没有重视别人的提醒,三番五次的私聊都被老板发现。老板一气之下,便下令封掉了 MSN 端口。公司所有的员工都无法使用 MSN。因为一个人不遵守公司的规定,导致大家的正常工作受到了影响。老板对琳的这位同事的不满在于她浪费了公司的资源,而同事们无法利用 MSN 进行正常的工作,也对她心生抱怨。

日本企业的工作理念是:在企业工作,应本着公共心,遵循普遍原则,公事公办,一视同仁,这是一个企业员工的最基本要求。"不要在工作时间干私活"应成为每个员工的基本职业准则。

工作的时间是属于你受雇的公司的,因为公司每月给了你一定数额的薪水,这就意味着你同意将一个月中的某些时间给了公司,在这些时间内,你只能为你的公司工作,否则就是不诚实。而且,上班的时候,除非有特殊的情况,不能迟到、早退。在工作中,还要积极地配合他人,以免别人的工作因你而受到不良的影响。

像上面提到的琳的同事,在 MSN 上和自己的朋友狂聊私事,自己倒是快意了,可是,因为自己的原因,使大家也无法使用 MSN 进行正常的工作,这也是对自己的工作极不负责的行为。如果你必须用 MSN 聊些私事,可以和朋友约定在午休时间。如果事情实在重要,一时半会儿无法说清楚,那还不如请个假,把事情处理好。工作的时间,一定要公私分明。

如果你在工作的时间干了私活,那么你不妨来做个换算,把你干私活的所得,也算进工资,一年会是多少? 如果这么来考虑,你就会知道,上班时间做自己的私事是得不偿失的。等于是在无形之中,用公司的钱,做了自己的事,间接地给公司造成了损失,而你自己的行为早晚会被公司发现,最后你将不得不离开公司。

你应该明白,工作的时间,是你自愿给了公司的,你用这些时间,换来了金钱。最主要的是工作的时间,你应该最大限度地完成工作任务。下班了,时间才是你的,完成了工作任务,轻轻松松地享受休闲时光,提高生活品质,不是很好吗?

03 工作"批处理",让你拥有更多时间

辉煌的一生中忙碌的一小时,抵得上碌碌无为的一世。

——英国作家 司各特

我们每天都会有很多工作要做,比如你是个市场销售人员,今天你可能要做以下几件事:

· 给客户 A 打电话；

· 给客户 B 打电话；

· 给客户 C 打电话；

· 写完某个销售计划；

· 去拜访客户 D；

· 给客户 E 发传真；

· 开会，讨论某个问题；

· 联络自己的朋友 F；

· 晚上去参加某个重要人物举行的酒会。

那个销售计划是非常重要的，它关系到你们部门每个员工的利益。那么，在一天当中，用你最清醒的时候来做这件事。不接电话，也不打电话，不去做任何的其他的事。你整整用掉了 3 个小时来做这份计划。

然后，你可以给客户 A、B、C 打电话，给客户 E 发传真，这些，可能只

要半个小时就够了。然后和同事开会，尽量压缩会议的时间，将议题和内容讲明白，让同事各自发表自己的看法，告诉他们，这个会议只有 10 分钟。让他们的发言简明扼要，并且准时结束会议。如果 D 客户对你和你们的公司都是重要的，今天一定要去拜访他，那么剩下的时间你可以完成这件事。在拜访客户的途中，可以联络自己的朋友？权当休息吧。

在这一点，我们可以利用电脑的"批处理"功能。最近对于批处理技术的探讨比较热，也有不少好的批处理程序发布，使用批处理文件，使我们极大地简化了日常或重复性任务。越来越多的人都接受了批处理方式并且获益匪浅。对于相近的，类似的，或者是可以放在同一时间来解决的事情，就尽量放在同一时间来完成。大块的时间，用来做那些要占用大量资源的工作。合理地安排工作时间，会让我们拥有更多的时间，更从容地安排各项复杂的事务。

04 "外包"让你赢得双倍的时间

人生苦短，若虚度年华，则短暂的人生就太长了。

——英国剧作家 莎士比亚

如今，"外包"已经深入到了社会的各个领域。外包（Outsourcing），就是指企业或个人整合利用其外部最优秀的专业化资源，从而达到降低成本、提高效率、充分发挥自身核心竞争力和增强企业对环境的应变能力的一种管理模式。最为流行的外包服务形式主要包括：IT 资源外包服务、客户服务中心外包、营销外包、人力资源管理外包、应收账款外包等。外包是一个集合概念名词，它实际上包括许多不同的内容和途径。

郭明所在的公司是一家大型物流公司，集铁路、公路、包装、仓储、配送于一体。他任该公司的 IT 主管。半年前，他所在公司的信息系统出了问题,客户的多样化需求越来越突出,现有的客户管理系统根本无法解决,导致物流差错的情况时有发生,客户投诉越来越多。

IT 部门只有 6 个人,平时公司里网络基础架构的运营维护和设备管理就够他们忙的,上新系统还需要技术能力更强的员工,可老总为了节约成本,就是不同意新招聘高级技术人员。

无奈之中的郭明突然想起了也在做 IT 主管的同学老张。老张也遇到过同样的问题,他的秘密武器是——外包。"现在好多公司都把'头疼'问题外包给专业 IT 公司,不仅能降低人员成本,还能从专业 IT 公司获得别人的应用经验和技术。"老张一语道出"天机"。

郭明赶紧做了一份"IT 外包"建议书,把公司当前状况和外包优势一一分析,果然得到了公司高层的一致支持。根据他们对外包服务商实力的要求,最终选定了一家由几名"海归"共同创办的,且在业界颇有信誉的服务商。

一些繁琐的事情交给了外包公司,郭明有了更多的时间带着手下做前期工作,先优化具体的工作流程,然后成功实施了物流客户管理系统,实现了与客户的及时良性互动,对客户的需求能做出快速有效的反应,公司的业绩明显得到提升。

事实上,在这个时代,"外包"的概念已经日益深入到企业的观念中了。当你越来越忙时,你就会发现巨大的工作量会让你的精力和时间受到限制,而你每天能赚的钱自然也会受到限制。

张小姐是一位自由撰稿人,她的稿子很受一些时尚杂志的欢迎。但是,一些繁琐的事着实占用了她不少时间。比如学习使用计算机程序、扫描原始资料、到图书馆查资料、买办公用品等这些都是很浪费时间的事。于是,张小姐把这些工作都交给外包公司代办,她自己则去从事那些报酬较高的工作。

部分工作外包是"有利可图"的,也就是说,外包商所收时薪,应比你的时薪低;或是做完整个工作的费用,要比你自己做的时间费用要低。外包商之所以能收费较低的原因,在于他们的效率较高,可以比你在更短的时间内把工作做好。

如果你的情形与张小姐相似,不妨试试外包的方法。如果你是一位企业的管理者,你可以把整理档案、打字、校对、会计、程序设计以及许多类似的工作和程序外包出去,一段时间后,你会惊喜地发现,这真是一个明智之举。因为它为你节省了时间,你也就赢得了双倍的时间。不是吗?试试看。

05   "磨刀不误砍柴工"

往昔已逝,静如止水,我们无法再改变它。而前方的未来正充满活力;我们所做的每一件事都将会影响着它。只要我们认识到这些,无论是在家中还是在工作上,每天我们的面前都会展现出新的天地。在人类致力于开拓的每一片领域上,我们正站在进步的起跑点。

——佚名

在树林中,有一个人正在兴奋地锯树,汗如雨下,但他仍然很卖力地干着。

"你在干什么?"有人问他。

"你没看见吗?"锯树的人不耐烦地回答,"我要锯倒这棵大树。"

"你看来已筋疲力尽了!"来人大声问道,"你干了多久了?"

"五个多小时了,"锯树的人回答说,"我是筋疲力尽了! 这真是件重活。"

"嗨,你为什么不停几分钟,把锯磨快?"来人说,"我可以肯定这样做会使你锯得更快些。"

"我没有时间磨锯,"此人断然地回答,"我正忙着,哪有时间磨锯?"

……

假如,此人一直用那钝得不能再钝的锯去砍一天的柴,这一天,他能有多少收获呢?

又假如,此人在砍柴之前,把刀磨得快一些,他在砍柴的时候,是不是可以更轻松些,收获更多一些呢?

如果我们一生只做一件事,要把这件事情做好并不难。然而,我们一生要做很多很多的事,把这些事都做好就不是一件容易的事了。这还是关系到一个时间的问题。

在做一件事情之前,最好先做一个周全的考虑,所谓的"磨刀不误砍柴工",就是这个道理。看似浪费了时间,其实,是节省了时间。

某家公司新进了一批减肥产品,试用期间效果非常好。老板拿到代理权很高兴,希望能好好地赚上一笔。他要求手下的广告部经理说,一定要做出漂亮的广告来宣传这批产品,两天之后就要出设计效果。

两天之后,老板看到了广告样品,很不满意,责令那个广告部经理继续改。反反复复,改了七八遍,一个月过去了。待到满意的广告样本出来之后,发现市场上到处都是类似产品。广告投放后,也没有收到预期的效果。

如果这位老板能和广告部经理、销售部经理在一起好好商讨一下广告的制作方案,搜集关于这类产品的充足的资料,作充分的交流,达成一致的意见,便不致被其他的商家抢占先机。这看似需要一些时间的磨合,结果却大不一样。事情的发展,并不都在我们的意料之中。你在这里一遍遍修改广告的时候,别的商家已经在获得同类商品的利润了。

还是那个"磨刀不误砍柴工"的道理,看来中国的先人真是很有智慧的。在现代时间管理学中,我们叫它时间规划。

有经验的人士都很注重做好日志,可以包括很多内容,可以是很细的,也可以是粗线条的。大体上可以分为以下几类:

·必须亲自去做的工作

可以按照工作的优先顺序分配时间。比较优先的工作应在工作日志中占有较重要的位置。对每项工作都预先规定完成的时间,以便你能够自觉地朝着完成工作的期限努力。

·需要花费时间去做的工作

这是一些你无法摆脱掉的工作。比如会见客人、参加会议和各种午餐会或去做其他不能丢掉不管的工作。这些工作往往是临时性的,它们会打扰你工作的优先顺序。把这些活动安排到工作日志里,就可以知道它们将占用多少时间,你还有多少时间可以去做其他事情。

·每天都要做的常规性工作

打电话、处理邮件、委派任务、安排下一天的工作日程、思考问题等都是要做的常规性工作,这类工作在日志中需要占用一定的位置。

·非本职工作

这是一些与本职工作无关的各种活动,但必须要做,比如参加宴会、鸡尾酒会等。

当你对一天的工作心中有数以后,就可以很容易地明确工作的轻重缓急了。由此,你会得心应手地完成今天的工作,把握住对时间的控制权,你也就不会成为时间的奴隶了。也因为有了有序的日程,第二天的工作也就井然有序了。你还可以由此制订一个可行的周计划、月计划,那样你就可以从容地安排每一天的工作了。这里,我们应该明确一个非常简单的道理:因为时间不够我们才要制订计划,而不是因为制订计划才导致时间不够。"合理安排时间,就等于节约时间。"培根的话是多么有道理啊。

06　善于利用工作中的零星时间

我们都处在沟中,但是其中一些人在仰望着天空中的星星。

——英国诗人　王尔德

上班的八小时,每一分钟你都在工作吗? 答案是:否。在工作中,有很多的零星时间,我们可以利用,只是不知你是否注意过。

倒茶水的时间:可能只有一两分钟,但却可以让你的脑子获得休息。你可以利用这短短的一两分钟,做个深呼吸,让自己的头脑清醒,可以来回走动,做几个体操动作,让四肢活动一下。或者到窗边呼吸几口新鲜的空气,看看外面的树、远近的楼群或者来来往往的车辆。

抽烟的时间:很多公司设有吸烟室,有的公司允许在办公室的走廊上抽烟。可不要小看这短短的一支烟的功夫,抽烟的同胞们可以借此小聚一下,说几个轻松的笑话,让绷紧的神经得到片刻的放松,或者交流对工作的看法,或者仅仅是说一些无足轻重的话,轻松的氛围更有利于沟通。

工作间隙:我们每天可能要做很多不同的工作。一件工作完成后,在开始下一项工作之前,不妨给自己三五分钟休息的时间,整理一下自己的思路,闭上眼睛小憩片刻,或者给朋友打个短短的电话,交流一下感情,工作虽然忙,但不是乱。

上网查资料的时间:现在,我们的很多工作都离不开网络。为了完成工作,我们可能需要到网上查找相关的资料,你可能在无意之中,找到自己寻觅已久的东西。比如说,你要做一份技术方案,到网上查找相关的内容,你很可能发现困扰你很长时间的一个问题的答案。

下班离开公司的时间:你是不是有很长时间没有健身了?究其原因,可能是太忙了,没有时间。下班了,要应酬,要照顾自己的家人,住的地方又离公司很远,晨练几乎是不可能的事情,你不妨利用离开公司的几分钟做个小小的健身运动。不要乘电梯,走楼梯下来。如果你不是自己开车上班,不妨多走一两站地再坐公交车。可能第一天你会很累,坚持下去,你也能健步如飞,身材越来越苗条!同样,上班时,如果你的时间还来得及,就走楼梯到办公室吧。这样,你每天都在爬山了,还用得着常常下决心,一定要找时间去远足吗?

开会的时间:每个公司,似乎都有开不完的会。你的老板,也是个喜欢开会的人吗?可能他们更喜欢开会的感觉吧。老板召开的会议,我们不能不参加,但是,这个会议对自己的工作是否重要,就很难说了。我们都不止一次的遇到过"废话会议"。几十分钟,甚至几个小时,大家都在七嘴八舌地发表自己的意见或看法,回头想想,一件事情都没有解决!对于老板来说,他可能需要这样的时间和大家在一起;但是对你来说,可能觉得一大把时间都给浪费了,好可惜啊。所以,开会的时间,不妨三心二意。和自己工作相关的,认真地听,认真地记。如果事情和自己的工作不沾边,开开小差吧。你可以利用这个时间,起草一份简单的工作计划,想想自己正在进行的工作,构思正在酝酿的方案,不是很好吗?总之,别被会上那些"废话"闹得不开心哦。

第五章

换一种思路

我们每人每天都拥有 1440 分钟,如果以一月计、一年计,一分钟是多么小的时间单位,我们甚至可以忽略它的存在。这一分钟,有时就如漏斗一样滴答而过,不经意间便溜走了。但也有一些时候,这一分钟往往会对一个人的命运产生巨大的影响,换一种思路,会让平庸的人变得卓越,让不可能变成可能……

01 一分钟，两种命运

只管走过去，不必逗留着采了花朵来保存，因为一路上，花朵自会继续开放的。

——印度诗人 泰戈尔

一分钟的价值是多少，也许你会说，那不值一提。可是如果你没有赶上地铁末班车，不幸的是你又住在回龙观或者通州，你是打车回家，还是走着回去？这不过是生活中常见的问题，无论你怎样选择，对你的命运都不会有决定性的影响。但有些时候，这一分钟却会给人生带来不同的机会。

有个同事工作多年，依然不忘为自己充电，业余时间坚持学习管理学的课程。每年都要参加两次考试。每次考试，他所报考的科目都能全部通过。大家对他的成绩很是佩服。问及他的学习经验，他说除了平时抽出一定的时间学习功课以外，考试的时间非常重要。

"考场上，我一定是最后一个交卷的人。"

"每年就这两次考试，每次考试都做了将近半年的准备，不能想着考不过下次再考，一定要抱着一次就通过的决心。"

"有一次考试，考题非常简单，只用了一半的时间就把题全部答完了，没有怎么检查就交卷了，还很自信能拿高分。结果，竟然差两分及格，很懊恼。后来发现是选择题看串了，丢了不少的分。只好来年再考，耽误了多少时间啊。吸取这个教训，以后再也不敢掉以轻心了。"

"上次考试，因为老是加班，复习的时间少，有一门课没有去听，全靠自己看书。考试的时候，一道论述题中有两条怎么都想不出答案，我一再地给自己鼓励,不要急,慢慢想。最后,竟然想出来了,老师走到跟前收卷子的时候,我刚好写完,成绩发下来,刚刚及格。如果不是坚持到最后的那一分钟,明年再考,还要浪费多少时间啊!"

一分钟,结果竟是这么的不同。

再比如高考,千军万马挤在那一条小路上,每一秒钟都在考验着你。这样的一分钟是多么的珍贵,它所带来的命运可能是完全不同的。一分钟,可能发现一道题目的正确答案,成绩便因此更上一个台阶,就能够走进大学的校门,或者进入更好的大学。然后,站在更高的起点上开始人生之旅。

时间就是这么无情,有时候,一分钟就足以决定你的命运了。与其抱怨上帝不公平,不如自己把握每一分钟的时间,做有意义的事。这样在面临考验的时候,你才能从容应对。

02 一分钟能做多少事

在人生的每一个阶段,我们都会有所失去——也会在这个过程中
成长。

——佚名

你是否曾经想过,在短短的一分钟里,你能做些什么?

美国的一位保险人员自创了"一分钟守则",他要求客户们仅给他一
分钟的时间,让他介绍自己的服务项目,若一分钟到了,他便会自动停止
自己的话题,并感谢对方给予他一分钟的宝贵时间。由于他遵守自己的
"一分钟守则",他在自己一天的时间经营中,工作效率几乎和业绩成
正比。

"一分钟到了,我说完了!"这是他在工作时,最常说的一句话。

因为信守一分钟的承诺,他的信誉在同行和客户中都很好,同时他也
让客户了解到要珍惜这一分钟的服务。

有一家公司为了提高开会的效率,特地买了一个闹钟,开会时,每个
人只准发言5分钟。这个新制订的规则不但使开会有效率,也让员工分
外珍惜开会时的讨论,把握发言时间。

如果问你,一分钟能做多少事? 不同的人会给出不同的答案。

"一分钟,什么事情也做不了,时间太短了,如果离下班只有一分钟,
我会等着那一分钟,什么也不做。"

"一分钟,我可以在网上欣赏完一段 flash,可以看两段笑话,还可以
翻两页自己喜爱的动物图片。"

"一分钟,我可以列完今天的工作计划或者给客户打个电话。"

"一分钟,我可以背会两个英语单词。"

"一分钟,我能打出 150 个字或者浏览完一版报纸。"

……

一位推销人员给自己定了一个"一分钟销售目标":

·我只关注那些最重要的事情———为我带来 80% 业绩的那 20% 的工作(我的关键目标)。

·我最多用 250 字把我的关键销售目标在纸上写下来,特别是我想要的东西,以及得到这些东西可以给我的感受,而且使用第一人称和现在时态,以便让自己感觉这些目标已经实现了。"我正在……我感觉……"

·我经常用一分钟来阅读我的目标,我知道不断重复就会带来改变。

·我经常用一分钟时间对照自己的目标来审视自己的行动(例如我的约会),看两者是否相符。

现在,你还会认为一分钟的时间太短了吗? 瞧,一分钟,可以做这么多事情! 我们常说,时间就是金钱。用金钱可以换来我们需要的物质享受。但是,时间比金钱珍贵。世界上,唯有时间是无法用金钱买到的。再多的金钱,都无法买回已经失去的哪怕是一分钟的时间。我们拥有的时间,是我们最宝贵的财富,利用好时间,我们可以创造出一切。因而,我们没有理由不去珍惜时间。我们热爱金钱,更要热爱时间。

对人一个善意的微笑,让对方觉得友情的温暖,用不了你一分钟的时间。短暂的停留,几句话,给那个焦急的问路人指明方向,可能让他顺利地完成一生中的一件大事。将摔倒在地的孩子轻轻扶起,拍去衣衫上的尘土,孩子天真的笑脸让你的内心无比纯净……

金钱积少成多,可以让一个小人物成为巨富,小小的水滴,可以汇聚成无边的海洋。每一分钟的积累,让我们取得难以想象的成就。我们不仅仅要去珍惜每一分钟,还要每一分钟都在行动。

我们可以对人报以微笑,可以阅读,可以思考,帮助那些需要帮助的生灵……我们有这么多的事情要做,一分钟,还会觉得很短吗? 一分钟,贯穿了我们生命的全部。

一分钟的时间也许并不起眼,但是当其累积之后,却有着极大的价值。虽然有时我们感觉时间忽而飞驰、忽而踟蹰不前,然而,只要我们赢得时间,就能赢得一切! 鲁迅先生这样说过:"时间就像海绵里的水,只要挤,总是有的。"一分钟可以做业务介绍,一分钟的如厕时间可以浏览当日报纸的标题,一分钟能做多少事啊?

03 坚持,在那一分钟就成功

你不能两次踏入同一条河流,因为水流在不断地注入。

——古希腊哲学家 赫拉克利特

小的时候,曾看过一篇科幻小说,名字不记得了,大致是关于星际旅行的故事:

一艘飞船因为事故,降落在某个星球上。那个星球上的生命周期出奇地短。植物在晨光初露的时候发芽,几分钟的时间开花结果,天黑的时候干枯,第二天重新开始。

那里的气候异常恶劣,风暴,雨雪,泥石流,随时都有可能发生。清凉的早晨,不消几个钟头,就会变得炽热如火,晚间又滴水成冰。

宇航员们在那个星球上发现了人类、一艘完好无损的飞船。那些人类是多年前失踪的一艘地球飞船上的宇航员们的后代,他们的生命在那个星球上和植物一样短暂。出生后的几分钟就长大成人,一天结束的时候,生命也便结束。为了重返地球,他们从未放弃。一天的生命,父母要教给孩子们所有的关于地球和宇宙飞行的知识。他们在寻找时机,回到那艘飞船,回到自己的家园。

终于在一天清晨,他们准备好了返回那艘船。他们必须在那个星球的"太阳"升起之前,穿过随时都会发生泥石流的地带,并且可能会被突然来临的风暴卷走。

他们不停地奔跑,忍受着稀薄的空气所带来的呼吸的疼痛与眩晕。有同伴被泥石流和风暴吞噬,没有时间悲伤,只能用尽所有的力气奔跑。如果在"太阳"升起之前不能进入飞船,高温会让他们失去生命。

奔跑的过程中,他们的头发开始花白,皱纹堆上脸颊。终于,在"太阳"的光芒初露的瞬间,幸存的人们进入了自己的飞船!和地球上一样的重力,清新的空气,和地球同步的时间……他们不必再担心自己的生命瞬间即逝。

如果没有坚定的信念,没有坚持到最后一分钟的勇气,他们可能永远也无法回到自己的家园,只能悲哀地看着自己的生命转瞬即逝。

我们做事情又何尝不是如此呢? 不到最后一分钟,成功还是失败就没有定局。也许你在那最后一分钟抛出的棋子,就决定了你成为最后的赢家。

04　最大限度地利用每一分钟空闲

源于过去,面向未来,生命是一种情感的享受。

——英国哲学家　阿尔弗雷德·怀特黑德

某个深夜,在危重病房里,有一位癌症患者迎来了他生命中的最后一分钟,死神如期来到他的身边。隔着氧气罩,他含糊地对死神说:"再给我一分钟,好吗?"

死神问:"你要这一分钟干什么?"

他说:"我要用这一分钟,最后一次看看天,看看地,想想我的朋友和敌人,或者听一片树叶从树枝上飞落到地上的那一声叹息,运气好的话,也许我还能看到一朵花儿由封闭到开放……"

死神说:"你的想法不坏,但我不能答应你。因为这一切,我都留了时间给你欣赏,你却没有珍惜。"

时间是我们在这个世界上最珍贵的财富,有的人珍爱时间胜过一切,所以他获得了成功;有的人随意地挥霍时间,所以他终究一事无成。

伯纳德·艾伦森是美国非常著名的学者,在他90岁生日时,有人问他最珍惜什么,他说:"我最珍惜时间,我愿意站在街角,手中拿着帽子,乞求过往行人把他们不用的时间扔在里面。"

时间以它恒久不变的节奏,稳步向前,而我们的生命,也随之一步步流逝。没有人不爱惜自己的生命,但是很少有人如珍惜生命般珍惜自己的时间。也许你觉得自己年轻,有的是时间,许多东西,可以失而复得,但你想一想,时间可以吗? 每一天,每一分,每一秒,无论它多么短暂,对你来说都是只有一次,都是一个独一无二的瞬间,失去了,你就再也没有了。所以,我们都渴望最大限度地利用每一分钟的时间。

一分钟,对于一个人真的有很大的意义。有时它能改变你的一生,这并不是夸张。在这个充满变幻、充满不确定性的社会里,你应该对你的每一分钟有个清醒的认识。如果你真的能利用它来从事那些有意义的事,你就会觉得你正向你的人生目标一步步迈进。要做到这一点,我建议你给自己定一个可以预见的近期目标,制订出可以施行的有效计划,然后便开始朝着那个方向努力。

为了迎接北京奥运会的到来,不少人都在学英语。那么,你首先要面对的就是要扩大词汇量是吗? 那好,你打算怎样实现这个学习目标呢? 辞去工作,专门去上一个速成班? 似乎不大可能。仅仅是为了增加词汇量而已吗! 你首先面对的是生活和事业呀。那好,如果你的英语水平已经达到四级,语法已经懂得不少了,那你不如买一本英文字典。先定个一个月的目标,每天学会一个新单词。你只需要一分钟时间找到这个单词,查找它的含义,拼出几个例句就可以了。这一分钟的时间你随时都可以获得的。公交车上、午餐之后、睡觉之前……到处都可以发现的哦。有一年,我为了考职称英语,可是工作太忙,不可能抽出专门的时间去复习英语,我就利用了这些一分钟一分钟的时间,结果把大学时学的英语单词复习了一遍,考试顺利过关,你不妨也试一试。效果很好的。

我的一个朋友刚刚生完小孩,每天在家带孩子,有段时间,她感觉自己像被关在笼子里,哪儿都去不成,因为不工作,连思维都跟不上了。"我像傻子似的每天在家里,除了孩子就是乱糟糟的房间,我都快崩溃了。"她这样说,"后来一个偶然的机会,我参加了一个妈妈宝宝俱乐部。在那里,每一分钟都有令人惊奇的事情发生,我也学会了利用每一分钟学一点东西,积少成多,我现在感觉生活丰富多彩。"

你还可以尝试在下班前的一分钟记住一句诗,或者你喜欢的一句话,时间长了,你的头脑里就会有很多美妙的话语,这也将有助于你的写作,如果你喜欢写作的话。如果你是一个自由撰稿人,你还可以在去超市购物的路上,构思一两个情节。如果你是公司经理,你可以在食堂排队的一两分钟里,和下属聊聊天,增进彼此的感情。

　　你看这一分钟的时间,能做多少事啊。把这么多一分钟一分钟的时间利用起来,你还会抱怨没有时间吗? 一分钟,少的几乎可以忽略,但这一分钟一分钟的时间累积起来,就如涓涓细流,滋养丰富着我们的人生,让我们感觉到时间因这一分钟的流逝而让我们有了"逝者如斯"的感叹,让我们有了"只争朝夕"的紧迫感,让我们懂得了时间的真谛。

05　疑难问题暂时搁置

请铭记在心：每一天都是一年中最好的日子。

——美国思想家　爱默生

在历史研究领域，在科学研究领域，经常会遇到大量的疑难问题，暂时无法处理，怎么办？先搁置下来，注明存疑，待进一步考证。工作生活中，我们也会遇到大量的疑难问题，明智的做法，当然也是暂时搁置。暂时搁置，不是放下不管，而是寻找解决问题的方法和时机，更好地解决问题。执著于谜团，则会浪费你大量的时间，无助于事情的解决。

王老板向林老板借的 100 万元快要到期了，可王老板的生意依然没有起色，看来，还上这笔钱是不容易了。林老板当然知道王老板公司的运营情况。

还款的期限到了，债主林老板请债务人王老板到他的公司小坐。王老板如约而至。债主林老板脸上带着一丝不易察觉的微笑，说："我知道你最近手头紧，不如这样，"他随便从地上黑白交杂的石堆里捡起两块石头来，狡猾地笑着说，"我两手中一边是黑石子，一边是白石子，你选一个。选中白石子的话，欠的钱无限期延期；如果选中黑石子的话，你的公司就由我暂时代管，你看……"债务人王老板已清楚地看到债主拾起的两块都是黑色的石子。选择哪一边，都得立即还债，没有延缓选择的余地。终于，债务人王老板勉强地伸出手来指着债主的一个拳头，作了抉择。就在他接过石子的一瞬间，他故意不小心把石头掉到地上。地上满是黑白石子，谁也不能确定到底哪一个才是掉下去的石子。王老板带着万分的抱歉说："对不起，我把石子弄掉了。你手中的石子是什么颜色？"债权人林老板一脸的尴尬，甚至有些许的恼怒。

结果很明显,留在债主手中的是黑石子,债务人化险为夷。假如债务人一味绕着"选或不选"的问题钻牛角尖,这场危机会怎样化解呢?

事实上,往往有很多疑难问题困扰我们,并且很有可能把我们带入一个困境之中。要想找出解决对策,必须学会换位思考,暂时搁置下来,慢慢地去发现解决问题的方法。

一般来说,遇到疑难问题,不妨这样来处理:

·记录在你的工作事项中,搁置一旁。这样你不必担心自己会忘记这件事,可以安心去做别的事。

·把问题"存档"于潜在意识中,或许你可以从别的事物中意外地获得启发,无意中发现解决问题的好办法。

·千万不要应付了事。这是很不明智的做法,会让人对你产生一种做事不负责的看法。给人这样的印象,以后想挽回都难了。

06　打破帕金森定律

变化是生活的规律。只盯着过去或眼前的人注定将失去未来。

——美国总统　肯尼迪

人只是待在办公室而已!他们可能在那里浏览网上的小说,或者在某个坛子里灌水,或者通过 MSN 和朋友聊天,或者在查阅自己想要的资料。如果事实如此,你还会希望你的员工下班后还待在办公室吗?

如果一天的工作没有做完,偶尔加个班也属正常。但是,没有事情也留在办公室里,这就和你的喜好有关了。1958 年,英国历史学家、政治学家诺斯科特·帕金森出版了《帕金森定律》一书,帕金森经过多年的调查研究,发现一个人做一件事所耗费的时间差别如此之大:他可以在 10 分钟内看完一份报纸,也可以看半天;一个忙人 20 分钟可以寄出一叠明信片,但一个无所事事的老太太为了给远方的外甥女寄张明信片,可以足足花一整天:找明信片一个钟头,寻眼镜一个钟头,查地址半个钟头,写问候的话一个钟头零一刻钟……特别是在工作中,工作会自动地膨胀,占满一个人所有可用的时间,如果时间充裕,他就会放慢工作节奏或是增添其他项目以便用掉所有的时间。

这真是一个有意思的现象。于是,在现代企业中,我们也经常可以看到类似的现象:

已经下班了,公司里还有不少员工待在那里。如果你是老板,也许你还会感到很高兴:"看,我的员工们多么敬业,每天都加班!"可是,你有没有了解一下,留在办公室的人都在做些什么? 他们可能早已做完了今天的工作,他们留在办公室也许并不是为了计划明天的工作。老板总是希望员工们加班,甚至把工作带回家里做,希望员工把公司的工作视为生活中的第一重要元素,为工作牺牲家庭和朋友,因为作为老板的你,就是这样的。

可能在某一天下班后,你探身出去,发现整间办公室空空如也,全公司只剩下了你一个人。此时,刚下班一刻钟!"一刻钟就都走了。"失落之外,你可能还感到不满:他们为什么不能和你一样,继续留在办公室工作?

可是,你要想想,你之所以成为老板,是因为你对于工作有着不同的态度。因为你是老板,你可以不按时上班,可能午餐后才来到公司,晚上九点才离开。而你的员工呢? 他们早上九点钟必须到达。他们也有自己的家人和朋友,需要时间和他们待在一起。

但是,很多老板做不到这样的换位思考。你在第二天召开各部门主管会议,要求他们告诉各自的下属,五点半下班,至少要到六点才能离开,看看还有没有其他的工作要做。于是,就出现了本文开始所描述的那种情况。既然下班就离开老板会不高兴,那就待着吧,别管干什么。这样就培养起了一种不良的时间管理习惯:员工会不断地拖延完成一件工作的时间。这和帕金森指出的一样,在大多数情况下,人们会选择通过延长工作所必需的时间来应付工作。既然如此，如果你是公司的老板，为什么不让人们在处理完工作以后做一些自己私人的事情，或者实在无事可做的时候，干脆让他们提前下班呢？

有一些工作是永远也没个完的，比如撰写广告文案、软件开发、市场调研等等，帕金森理论在此时似乎并不太合适。事实上，有些工作只能在特定时间内完成，比如即将开始的演唱会的舞台布置。而有些事老板是不能逼迫员工按时完成的，比如创作一个影视剧本，如果写作者状态不好，没有灵感，投入再多的时间，也不会产生太好的效果。

有的员工可能利用这段时间，利用公司便利的办公资源，做自己的"私活"，真是事与愿违啊！

这需要老板自己首先打破帕金森定律的束缚。老板们应该意识到，人们工作只是为了更好地生活，每个员工都希望享受工作带来的快乐，希望自己的工作是高效率的，能力得到肯定，拿到合理的薪水，而不是在那里拖延时间！一天24小时，属于工作的时间是8小时。24小时牵挂工作，只是你的美好理想。他们希望下班后能和自己的家人享受天伦之乐，约上三五个好友聊聊天，进行他们喜爱的娱乐，或者去学习新的技能。

给你的下属留些私人时间，尊重他们的个人生活。如果公司确实有事需要加班，不妨和员工商量一下，尽量不要打扰他们的正常生活。

07　改掉做事拖拉的习惯

明日复明日,明日何其多! 我生待明日,万事成蹉跎。

——明 钱福 《明日歌》

·你一味地推迟某个文案的设计工作,结果这个文案还没做,老板又交给你新的项目;你不得不加班去做第一个没做的项目,下一个项目只好延期;

·你一直推迟整理你的文件夹,结果每次老板让你找文件,你都不得不趴在桌子上拼命翻一通,结果耽误了不少时间,老板很不满意;

·你该给你的客户做跟踪回访了,但你总是想完成这件事再说吧,结果过了两个月了,你还没打这个电话,直到老板向你问起情况;

……

其实,你心里是清楚的,这些事是必须要做的,而且早做比晚做好。

小贺是一家大公司的职员,在这个公司他已经服务了 3 年多,眼见着当年和他一起来公司的同事有的提职,有的另有高就,只有他自己还在原地打转,想想看,自己的技术能力不差,业绩很好,工作态度认真,怎么就没有起色呢? 正好有个朋友所在的公司看中小贺的技术能力,想聘请他,请他做技术主管,薪酬比现在也高得多。可是,小贺对现在的公司还很有好感,毕竟是大型跨国公司,公司的人文环境、员工培训、福利等各方面都让他很留恋,他有点犹豫不决。

这时,这个朋友给他出主意,"何不找你的上司好好谈一谈,为什么你工作出色,却没有晋职提薪的机会,近期会不会对你有所考虑,如果没有,你就到我们公司来。"小贺一想有道理,于是就想和他的上司谈谈。可是,小贺心理紧张,一想到要和上司面对面地谈到这些问题,不禁会联想起很

你一年的8760小时

多事来,于是和上司面谈的时间一拖再拖,两个星期过去了,直到朋友告诉他,他们又物色到一个技术人员,已经到位了。小贺后悔莫及。他不但失去了一个难得的机会,也没能主动和上司谈话,依然糊里糊涂地在公司做他的老黄牛,而且因为心理不平衡,压力越来越大,对工作也不像以前那么投入了。

和上司谈一次话的时间,也许一个小时就足够了,可是小贺拖延了两个星期。两个星期,会有多少事情发生呢?机会不会永远在那儿等着他。

每个人潜意识里都有做事拖延的习惯,每个人又都会为这么做而心存愧疚,当他们面对因做事拖延而导致的不利后果时,都会信誓旦旦地下决心,发誓下不为例。但在此后的日子里,他们没有丝毫的改变。拖延就这样成了时间的窃贼。它不仅窃取了你的时间,甚至窃走了你的生命,窃走了你所有的财富。

做事拖延会带来如此严重的后果,在一本叫做《你能赢》的书中有这样一段话:

"当他还是一个小男孩的时候,他说,当我成为一个大男孩时,我会做这做那,我会很快乐;而当他成为一个大男孩后,他又说,等我读完大学后,我会做这做那,我会很快乐;当他读完大学时,他又说,等我找到第一份工作时要做这做那,并会得到快乐;当他找到第一份工作后,他又说,当我结婚时会做这做这,然后就会得到快乐;当他结婚时,他又说当孩子们从学校毕业时,会做这做那,并得到快乐;当孩子们从学校毕业时,他又说,当我退休时,我会做这做那,并得到快乐。当他退休时,他看到了什么?他看到生活已经从他的眼前走过去了。"

这似曾相识的一幕不知上演了多少次。多少年来,你可能一直都有这种不良习惯。你可能也多次试图改变这种习惯。可是,长期以来形成的惰性始终让你欲罢不能,于是你自甘堕入拖延的深渊。然而,你是否认真反思过:你的人生到底有多少个明天?你为何离成功一直那样遥远?你为何总是无法抗拒拖延?

明日复明日,明日何其多!

我生待明日，万事成蹉跎。

世人若被明日累，春去秋来老将至。

朝看水东流，暮看日西坠。

百年明日能几何？请君听我《明日歌》！

《明日歌》为我们揭开了蹉跎时间的可悲后果。所以，当你准备拖延某一件事的时候，不妨用 5 分钟的时间考虑一下：

- 我什么时候做？

- 如果我拖着这件事不做，就能拖黄了吗？

- 如果这件事还没完成，新任务又来了怎么办？

- 如果你突然发现该项目所要的时间比预期的要长怎么办？

事实上，当你一直拖延一个项目，直到最后截止日期的时候，你往往会发现自己的时间不够了，结果只好请求延期或者应付了事。但这是有代价的，你会给上司或者合作伙伴一个印象：你不遵守时间，或者你对工作不负责任。而这对你的职业生涯是极其不利的。

也许你会说："我总是故意把事情推迟到最后一刻钟，只有逼到头上我才写得出来。这时候我的效率才能上来，才会节省时间，并产生更好的创意。"

如果你对自己的才能有足够的把握，事实证明在这样的条件下你确实能更好地完成任务，那也无可厚非。但对于一些人、一些事来说，这种极度压力下产生的工作动力会失灵。

想想看，假如你是一个专栏作家，每期在你的栏目里都要上一个历史故事，可是报纸快排版了，你的样稿还没写出来，而对你来说，剩下的时间实在是不多了，你能写出高质量的文章吗？你没有时间查资料，没有时间仔细斟酌，凭记忆写出的东西，你甚至都来不及核实它的准确性。最终你的专栏文章越来越不好看，你失去了读者，也失去了这个专栏作家的资格。你不得不投入更多的时间挽回你的不良影响，或者可能你根本不会再得到读者的追捧了。

你是不是因为经常拖延而不得不投入更多的时间，而使你的时间变得更紧张了呢？由此带来的超负荷工作会不会使你身心疲惫，意识模糊，失去了灵气，结果使得几分钟就能做完的事，你却不得不花上几个小时才能完成？

于是，开始了一个恶性循环。对一项工作反复思考是不是要做——能不能做好——在截止日期前能不能完成……这些都会占用你的时间。于是，你心浮气躁，为看一场演出而后悔不已，为某个项目的不完美而懊恼，你的生活变得一团糟。

还有的人，总是过分地患得患失，结果浪费了很多时间。

现实生活中，每个人都会想做很多事情，而这些事情往往是和我们自身各种主、客观因素联系在一起，让我们很难做出决定。

"我想离开现在的公司，在这儿实在是没有发展前途。可是，我毕竟在这里待了两三年了，各个方面都很熟悉了，万一离开了，找不到工作怎么办？"

"很早就在盯着那家公司的那个职位了，只要他们招聘人，我就去应聘。可是，他们与我现在的公司有业务关系，万一有人从中作梗呢？岂不是那家公司的职位没有得到,却又丢掉了现在的工作?"

"我对社会工作很感兴趣,希望将来年岁大了,比如50岁以后去作社区工作。可是,我没有一点社区工作的经验,现在要分出精力去学习,对现在的工作又会有影响,我不想失去现在赚钱的机会,真难办啊。"

"我的这支股票长了15%了,可以出手了。可是如果再涨呢,我岂不后悔,还是等等看吧。"

"那套房子各方面我都很满意,就是价格的问题了,要是能再便宜一两万,我一定要下来,再到别处去看看吧,实在没有更合适的,再要这套吧。"

以上的难题,恐怕很多人都遇到过。很多时候,总是思前想后,无法做出决定。

你在这家公司努力工作多年,却得不到任何发展,也看不出公司有好的前景。那你就该尽快离开,时间久了,对自己没有好处。假如不久公司解体,你以待业之身再去应聘工作,更难了。

既然看中了那家公司的职位,而你又有把握胜任,怀着积极的心态去应聘,否则,公司几天内找到了合适的人才。你想去,晚了。

那支股票的价值已经接近了你的心理预期,该出手时就出手,股市变幻无穷,在你观望的瞬间,股票下跌,后悔都来不及了。

那套房子各个方面你都满意,如果价格实在不能再降,而价格又在你的心理承受能力之内,多出一点你也就别斤斤计较了。为了这点钱再去四处奔波,一段时间后,发现还是这套房子最适合你。此时再去找卖家谈价钱,可能不降反涨,也可能这套房子已经被别人买走了。

很多事情不是我们没有意识到,而是我们不善于看火候,稍微犹豫,就错失良机了。

你还想从容、优雅地生活吗?那我建议你:尽早安排你决定要做的事,给自己一些富余的时间,不要老让时间追着你,也不要总是犹豫不定。

当你看清了自己的目标,想好怎样去做,渐渐地,你会发现自己能够游刃有余地掌控自己的时间,你会获得一种新的人生体验,你会觉得时间并不是那么苛刻。

08　优化饮食节省的时间

　　给自己留点时间做做梦,充一下电,这样你就能以崭新的面貌去面对每一个新的一天。

——佚名

　　优化饮食与节省时间,这是看似毫不相关的两件事情,实际上它是完全成立的。因为身体是革命的本钱,当身体不健康时,时间对于我们是没有太大意义的。每个人的时间都是以身体为载体来表现的,当身体不舒服或者有病时,时间都不会得到很好的利用。为了更有效地利用时间,就必须要保养好自己的身体,而饮食是其中重要的一环。请记住,优化饮食,一样可以为你节省时间!

　　有些人不喜欢吃早餐,其实早餐是十分重要的。一个人不吃早餐,上午依然可以积极地工作,可他的工作效率却不如吃早餐的人工作效率更高。不吃早餐,午餐就会吃的过量,肚子太饱了,人在整个下午都会陷入一种昏昏欲睡的状态,不仅降低工作效率,还很容易让你肥胖。所以,早餐最好吃一些如牛奶、高纤维麦片等蛋白质含量高的食品,这些食物会使你头脑清醒、神经放松。你一到办公室,就神清气爽,工作时精力集中,你的工作效率当然不打折扣了。

　　午餐是一日中重要的正餐,最好不吃高脂肪的食物,尤其是吃西餐时,宁可吃生菜沙拉也不要奶油小面包;与其要一份牛排,不如来一份煎鱼或鸡排。饮料也可以喝一点,最好喝牛奶,千万不要喝酒哦,因为酒精的作用不仅会使你难以投入工作,还会使别人对你产生不好的印象。下午,你还可以加点小零食,补充一下身体需要,提提神。到了下午四五点左右,如果晚上还有工作,不妨在这时喝杯咖啡,接下来的几个小时可使头脑保持清醒。

晚餐是一件让人头疼的事。如果你是个上班族,又是做晚饭这项工作的执行者,你会怎么来安排? 总担心家人的营养不够,满满地做出一桌,累得腰酸背疼,吃完了,还得洗洗涮涮,转眼就到了睡觉的时间,筋疲力尽地上了床,顾不得思考什么,更顾不得和另一半交流感情,慢慢地,都麻木了。后果怎样呢? 很可怕啊。

合理的饮食不是越多越好,而在于营养的搭配。适当的蔬菜和肉类,完全能够满足我们身体的需要。你做的大鱼大肉,四菜一汤,用去了你两个小时的时间,你在瞬间就吃完了,或者你累得根本没心思吃了,不是徒劳吗? 而简单的饭菜,特别是晚餐,做点蔬菜沙拉,煮点粥,吃起来又健康又不会让你发胖,更主要的是还为你省下不少时间。省出的时间,你可以休息,看看自己喜欢的书,或者和家人聊聊天,增加了和家人的感情,丰富了你的业余生活,何乐而不为呢。

09 把"垃圾时间"变成"黄金时间"

任何一个确立生活目标的青年男女都很有希望成就一番事业,无论哪个花季少年都不必对未来丧失信心。与在世的最伟大的人相比,他有一个特殊的优势——时间!

——查尔斯·D·赖斯

在这个年代,已经产生了太多的垃圾,包括时间,在那些对大局无关紧要的事上消磨时间被称为"垃圾时间"。垃圾可以回收利用,变废为宝,同样,被当作垃圾的时间,也可以变成金子。

读书的时候,我们都能够很好地安排自己的时间,但上班后,我们却

你一年的8760小时

无法把握时间。我们每天将大把的时间用于工作,上下班路上还要牺牲不少时间,真正属于自己的时间少得可怜。想要做些自己认为是有意义的事,根本没有时间。

"我真的好想充实自己,可是没有时间""我想写部小说,可是,哪儿有时间啊"。

小东大学毕业后到一家公司工作,转正后还要进行考核。由于他所任职的是一家日资企业,简单的日语会话是一项重要的考核内容,而小东读大学时,日语只是他的选修课。

小东住的地方离公司很远,每天用在上下班路上的时间就要三个小时。对小东来说,这三个小时就白白浪费掉了。他好想找时间好好提高一下日语口语水平,可是,时间真的很紧。对于一个新人来说,上班的时间不敢有丝毫的懈怠,只好天天开夜车。三个月的试工期结束,他的日语会话能力总算达到了要求。他松了一口气,请求上司给他安排住公司的宿舍,家离公司实在是太远了。他的上司拒绝了他,并且上司的话让他改变了看法:"公司的宿舍是为解决外地员工的住宿安排的,你不符合条件。你不是说路太远了吗?我想跟你说下我自己,我坐到了现在这个职位,是因为我给公司提出了不少合理化的建议。而这些建议的雏形,都是我在路上想起来的。你不是总想让日语水平提高吗?你可以利用路上的时间。听说你还想写小说,用路上的时间构思吧。"

垃圾时间,还是黄金时间,起决定因素的是个人。如果你把那些时间看得无关紧要,放走了它们,那它们就是垃圾。如果你将它们当做是你淘金的时间,那它们就是黄金。

你是不是把它们当作了垃圾时间?

· 下班后不想回家,四处闲逛,觉得下班后的时间好漫长;

· 工作日完成了当天的任务,剩下的那些时间,不知要做些什么,让它们在不知不觉中溜走;

· 把参加同学朋友聚会的时间,当成是在打发那些无聊的时光;

那么,现在,你要改变你的看法了。一点小小的转变,加上行动,它们就是你的黄金时间!

如果你下班没什么事情,就回家陪陪自己的家人吧。如果你是单身,更该珍惜这段时光。将来有了家,你还会有多少时间去陪你的父母?他们一天天老去,做儿女的能陪他们多久?一家人在一起的温馨和快乐时光,岂是金钱可以换得来的?

不要把工作时间当作垃圾时间来处理!作为公司的一分子,有责任为公司着想。如果你完成了当天的任务,还可以思考以后的工作,你对公司的发展有什么好的想法。我想,没有哪家公司的老板,会不看重为公司的前途着想的人!

参加同学朋友聚会的时间,如果只是当做在打发时间,它们真的就是你的垃圾时间了。多多了解同学朋友事业发展的状况,他们的行事态度和思维方式,那将为你带来意想不到的收获。

如果你做到了把"垃圾时间"合理转换为"黄金时间",就可以说你在时间问题上很有见地了。不过,你还千万不要忽视了自身的黄金时间噢。每个人每天都有属于自己的黄金时间,这又可以分为两种:内部黄金时间和外部黄金时间。

内部黄金时间来自于个体,是一个人的精神状态达到最高峰,工作起来效率比较高的那段时间。内部黄金时间因人而异,有的人上午精神状态最好,有的人则在下午或晚上精神状态最好。想想看,你的思维在一天当中的哪个时间最清晰?可能是早晨5:00-7:00,也可能是晚上10:00-12:00,也可能是其他时间。但无论如何,每个人都能够找到自己的黄金时间。你所挑选出来的那段时间也许就是你的黄金时间,为了验证这个时间段是否真的是你的黄金时间,你可以在接下来的两个星期里自我检测,看看你在这两个小时里精神是不是最集中的。

当你对自己的内部黄金时间有了比较准确的把握之后,你最好把这段时间用来处理最重要的工作,对大多数商务人士来说,上班后的最初几个小时无疑是黄金时间。遗憾的是很多人把这段时间用来处理一些不太重要的工作,比如看报、回电话、处理电子邮件,或处理昨天没有完成的工作,或者干脆跟同事或下属闲聊……其实,这段时间正应该用来处理重要的工作。

有一位化学分析师每天上午都感觉有点头晕,下午则非常清醒。可是,他总是习惯在每天下午浏览书刊,处理程序性的行政管理工作。而实际上,下午恰好是他的内部黄金时间,他意识到了自己的错误,便把这些日常工作挪到上午进行,利用下午精神比较兴奋的时候来做那些更有创造性的工作。结果,他发现自己的工作效率大大提高了。

一个人的外部黄金时间同样是不可忽视的。

外部黄金时间是与其他人,如同事、朋友或家人等打交道的最佳时间,那通常是外部资源最为齐备、最能帮助你做出决定、回答你的困惑,或者为你提供信息的时候。比如,在老板即将离开办公室去外地度假的时候,抓紧时间去向他请示工作,这段时间就是你的外部黄金时间。

我有个朋友是办公室主任,他经常趁午饭时间去老板的办公室请示工作,因为他知道老板在午餐时间很少出去。他们可以在办公室里一边吃午餐一边谈工作,在这样的时间里,既可以放松地谈自己的想法,还很少会有其他人打扰,他们可以谈得十分融洽。

利用外部黄金时间是比较困难的。因为内部黄金时间是由自己掌握的,而外部黄金时间取决于他人。因此,要想利用好外部黄金时间,你必须充分了解和掌握有关对方活动情况的信息。这是比较难以把握的。也许在你认为是黄金时间的时间段,人家也正处于精神状态极佳的时段,很不欢迎你来打扰呢。

第六章

我的时间，我做主

　　生活是为了工作，工作是为了生活，没有工作的生活过不下去，没有生活的工作没有意义。对更多的人来说，工作还是快乐的源泉，工作是为了让自己更快乐的生活！那么在八小时之外，我们是不是要抱着积极乐观的心态去好好生活呢？当然是，别做工作的奴隶，要做生活的主人。活着真的很美好。

01 别说你没有时间

"没时间啊,我太忙了。"这是生活中大多数人经常挂在嘴边的一句话,甚至在我们身边就有很多这样的人。在这个竞争和压力越来越大的社会,人们确实很难找到时间来做自己想做的事情,即便有很多美妙设想,因为没有时间也可能被搁置了。

但这个世界上,总还有那么一些人能在追求所谓的功名之外,跳出自己,在百忙之中挤出一些时间,做自己感兴趣的事。比如世界织布业的巨头威尔福莱特·康。

威尔福莱特·康用了40年的时间以艰苦卓绝的奋斗,终于使自己成为织布行业的巨头。如果说他是世界上最忙的人也许并不夸张。曾经,他也是一个兴趣爱好极其广泛的人,可是,因为忙于事业,他无法抽出更多的时间去做。

事业在一天天地扩大,威尔福莱特也一天天地变老了,他发现自己除了会挣钱,没有任何乐趣可言。他开始懊恼,最后终于下定决心:"我一直很喜欢画画,但从未学过油画,我不敢相信自己花了的力气会有很大的收获,但是无论作多大的牺牲,每天一定要抽出一小时来画画。"

这一个小时是他从自己的睡眠中挤出来的,他每天不到5点就起床,在随后的一小时里,专心致志地画画。他一直这样坚持下来,几年过去了,他取得了令人吃惊的成果。他的油画在画展上频频出现,受到了人们的认可,其中有几百幅画以高价被买走。他还多次举办个人画展。他把卖画的全部收入设为奖学金,奖励那些优秀的学子。他表示:"捐这点钱算不了什么,但从画画中获得了巨大的乐趣,才是最重要的。"

当今世界上最大的化学公司——杜邦公司的总裁格劳福特·格林瓦特,对蜂鸟非常感兴趣,他每天挤出一小时来研究蜂鸟,用专门的设备把蜂鸟的成长过程拍摄下来，用笔记录了蜂鸟的各种特征和习性，并将他的研究成果集结成书，权威人士把他写的关于蜂鸟的书称作"自然历史丛书中的杰出作品"。

从这些成就巨大的人士身上我们不难看出，一个人即使工作再忙，也还是能挤出时间来做自己想做的事。关键在于，你是不是意识到了你一定要做点什么。如果仅仅把自己当作赚钱的工具，而忽略了对自身生存的关照，拥有再多的财富又有何用呢？

对于更多的普通人来说，没有时间可能意味着很多身不由己的原因：

·可能是因为要工作；

·可能是因为要陪父母；

·可能是因为要辅导孩子作业；

·也可能是因为要赚钱买房子；

......

总之，你没有时间做自己想做的事情，这无关对错，都是我们根据自己的价值观念、理想、生存状态、客观环境，甚至偶尔的心情做出的选择。但，不要说我们没有时间，我们都拥有相同的时间，我们只是在根据自己的实际需要分配自己的时间。而且，只要你愿意，你就有时间。

因为我们拥有生命，我们便拥有时间。只是时间去了哪里的问题。所谓的时间不可把握，除却幼年时期必须由成年人来安排之外，成年之后的时间，完全是可以由我们自己来把握的。把握了时间，便拥有了时间，也就不会被没完没了的事情困扰了。

那个客户实在是太重要了，今天你不得不去拜访他，他可能关乎你以后的命运。好吧，在去之前，把别的事情先放一放再说吧，做足一切准备，争取不要用太多的时间就可以把事情搞定。那么，剩下的时间呢？必须要赶回公司开会吗？那个会议重要到一定非要你参加不可吗？可是，你已经连续开了两周的会！给公司打个电话，合理的理由有很多，然后，回家，为爱人准备一顿晚餐。你会发现，你没有参加那个会议，事情并没有变得不可收拾，或者对你来说，根本什么都不曾发生！你完全可以只用几分钟的时间看看同事的会议记录,而不必几个小时端坐在那里。

你完全有理由在下班的时候关掉电话,不用担心老板找不到你会有什么麻烦,解释的理由有很多,或者他打你的电话所说的事情,根本就不是必须立即要实施的,他仅仅是想告诉你有这件事情而已。不要让工作上的事情占去了你的私人时间。

某个周末,你可以轻松地和朋友逛街,煲电话粥,或者和家人一起郊游,或者到健身房运动。除了工作,我们还需要友情,需要亲情,我们还要有健康的身体。我们的时间,忙碌之外,还要有身心的享受……

时间属于你,用你的时间去做你想做的事,只要你认为那是值得的。

有个朋友,是一家房地产公司的公关人员,整天与各种各样的人打交道:客户、同行、上级主管单位等。整天开着车在路上奔波,晚上要应酬。不到凌晨,很少能回到家中。家对于他,只是个睡觉的地方。每个月初,他会交给妻子厚厚的一叠钞票,其他的事情,从不过问。他也习惯了这样的生活,喝酒、唱歌、陪客户或领导到处玩儿。如果哪天没有应酬,他便会找几个朋友,一起到歌厅喝酒唱歌。他觉得,他的生活就该是这个样子的。

一次,他带几个客户到长城游玩,很多游客都是全家出动,他看到孩子和爸爸妈妈在一起的快乐情形,忍不住问一个看起来和他年纪相仿的男人:"你怎么有时间和你的家人一起玩呢?"那个男人笑笑说:"只要你愿意,你就有时间。"

从长城回来,送走客户,破天荒地,他没有再找朋友去歌厅,而是回了家,虽说那时已是夜里10点多钟。但是老婆还是很惊讶,也有一些欢喜。在她的印象里,这些年,丈夫没有在凌晨以前回过家的,有时候是彻夜不归。她虽然不对丈夫多说什么,但心里还是很担心,她几乎神经衰弱了,如果丈夫晚上不回来,她会整晚睡不着。但老公不对自己提外面的事情,性格刚强的她,也绝口不问。慢慢地,感情疏远了。

他走进儿子的房间,发现儿子还在复习功课。他轻轻地问了句:"有没有不会的啊?让老爸看看。"儿子惊讶地说:"爸,你回来了?这么早啊!"恍然之间,儿子的个头儿已经超过他了。看着高高瘦瘦的儿子,他的

内心有了一种莫名的感动。

　　要改掉以前的生活习惯并不容易,但他坚持了下来。以后,他尽量在家吃晚饭,时不时地辅导儿子的功课。每个周末,他也不再给自己和下属安排过多的工作,而是常常和家人一起到近郊游玩。妻子脸上的笑容多了,儿子也变得更活泼了。他觉得,这正是他年轻时所向往的生活,一家人开开心心地在一起。他对以前的自己开始有点无法理解,不清楚为什么宁愿放弃和家人在一起的幸福时光,也要在深夜陪那些所谓的客户朋友在酒桌上消磨时光。

　　是的,我们常听到身边有人说自己忙,没时间陪家人,没有时间休息,我们真的就那么忙吗? 在这个快节奏的社会里,我们步履匆匆,没有人敢说自己不忙,甚至不好意思说自己不忙。因为在很多人看来,不忙就是没事业,没上进心,也害怕自己在温暖的家庭中放松了自己,销蚀掉了曾经的远大理想和抱负。而有很大一部分人,将"适当的休闲"看成是懒的表现。

　　人总是要为自己的行为找到合理的借口。也许不是没有时间,只是没有做出选择。假如我们选择了旅行,去放松自己的心情,给自己心灵休憩的时间,也仅仅是要放下一段做别的事情的时间而已。

125

02　已逝的时间，让它随风而去

人会死亡而人类永存；人生有限而生命永恒。

——英国诗人、评论家　斯温伯思

美国有一本非常著名的小说叫《飘》，这名字看起来很美，就像同名小说改编的电影女主人公一样美。不过，我还是更喜欢它的英文名字Gone With The Wind。翻译成汉语是"随风而逝"。这名字不仅美，而且有意义。对于失去的时间，亦如对一段过去的恋情，就让它随风而去。至少，你知道你失去了多少时间，清楚地知道了自己还有多少时间，并且，知道以后的时间里，应该怎样去做，仅此而言，还不能让你开心吗？

"有时我想，要是人们把活着的每一天都看做是生命的最后一天该有多好啊！这就可能显出生命的价值。"海伦·凯勒这句名言不知被多少人引用过，但真正理解其深刻含义的毕竟不多。

QQ上的一位朋友，他说他已经有三年的时间无法振作。很多热心的朋友问，是什么令他如此消沉。

"我的女友和我分手了，我们相恋十年。我们曾经一无所有，在我们贫穷的时候，买一个鸡蛋，我看着她吃，自己直咽口水。那时我们一起奋斗、拼搏，直到我们有了车，有了房子。我是那么的爱她。可是，我都不知道她为什么要离开我。"

"你没有问过她吗？"

"问过，她只说不合适，搪塞而已。"

"你觉得你这么活在往事之中有用吗？"我问他。

"我知道没用，可是，总是想起我们的过去，就是忘不了她。我再也无法爱上别人，我想因为这件事，我已经患上了爱无能。想想，我连死的心都有了。"

"没有人会患上爱无能，只是看自己想不想再爱而已。如果你觉得这样可以让她再回到你的身边，你就这样下去好了，这件事到现在为止，已经用了你三年的时间，你的一生，有几个三年？而且，她已经不再爱你，这是最主要的。如果你真的想死，那就去死好了。"

立刻有朋友对我攻击，说我没有同情心，起码也要安慰几句吧。我对他们说，这和同情心无关，对于一件无法挽回的事情，已经尽力了，事实如何便如何，随它去吧，你生活的全部，不只有这一件事。他可能听过了无数的安慰，但是，有用吗？

后来，那位朋友对我说，虽然我的话让他有些伤心，但是过去的三年，真的太可惜了，他荒废了多少宝贵的时间，多少曾经的美好计划都在这三年里化为泡沫。为了追忆往事，他甚至疏远了家人和朋友。好在他现在已经走出了阴影，开始了再次创业，相信一切都会好起来，也会再次遇到自己喜欢的女孩儿。

他说他明白了，已逝的时间和已逝的往事一样，是找不回来的。不如让它随风而逝，在某一个清晨，人生重新开始……

可惜，茫茫尘世，总有很多的人，总是在过去的情感纠缠中徘徊，沉迷于以往的、无法改变的事实，而走不出过去的阴影；在对过往的追忆中，抱怨人生太多的无奈与不平；抱怨生活给予许多曲折与磨难。

也许，我们无法改变人生，扭转命运，但至少可以改变自己的心境，换一种心情，变一种心态，转一个角度，就会恍然大悟，把握人生，取决于自己的心境。抛弃那些曾经过去的不必要的忧伤，活在现实生活中，品味生活中的拥有，感受生活给予的真情，真实，充实。

忙碌的生活已使我们忽略了许多美好、值得欣赏的东西，当找到寄托心灵的处所之后，才会有余情去品尝这世界可爱的一面，才去享受属于自己的人生。

常言道："境由心造，快乐能自主。"时间可以消磨一切，会把不快乐转化为快乐，一个人心里想着快乐的事，就会快乐，心里想着过去伤心的事,心情就会黯淡。幸福是多元化的,我们在追求幸福的同时,幸福也在时刻伴随着我们,只不过很多的时候,身在幸福中,没有悉心感受自己所拥有的幸福,却一律想着过去所失去的东西。这对我们的人生又有什么益处呢?已逝的时间,就让它随风而去吧!

03 别让别人打扰了你的时间

人只有一次生命,且人生苦短,为什么在最不必要的事情上浪费时间呢?

——法官 布兰迪斯

《论语》中有这样一句非常著名的话,常常被后人引用:"子在川上曰:'逝者如斯夫,不舍昼夜。'"整部《论语》中,最富于哲学意味的,也就是这两句话。时间具有一维性,就像这河流一样,不会因为任何人而停止下来。这句话,曾让多少人感慨不已!

每个人都拥有相同的时间,但每个人都活在不同的时间里。青少年生活在自己的学习时间里,中年人生活在自己的创业时间里,老年人生活在自己的回忆时间里。生命就在这种时间河流中显示出不同的价值和意义。

有一位哲人说过:"浪费别人的时间等于图财害命,浪费自己的时间等于慢性自杀。"可是,在我们的人生中,却常常遇到我们自己的时间无端地受到他人有意或无意的干扰。

富兰克林是一个非常珍惜时间的人,某次,他因不满对方占用他的工作时间而与对方发生了这样的故事:

在富兰克林报社前的商店里,有位犹豫不决将近一小时的男人终于开口问店员:"请问,这本书要多少钱?"店员回答:"1美元。"男人又问:

"你能不能算优惠一点？"店员以坚定的口气说："很抱歉！它的定价就是1美元。"

男人过了一会儿后又问："富兰克林先生在吗？"虽然店员已告诉他富兰克林正在印刷室中工作，但他执意和富兰克林见面，店员不得不去请富兰克林到商店里来。

当富兰克林出现后，男人便问他："富兰克林先生，这本书的最低价格是多少？"富兰克林不假思索地说："1美元25美分。"那男人大吃一惊："可是就在一分钟前，你的店员说只要1美元。"

富兰克林回答说："没错，但是我情愿倒贴你1美元，也不愿意离开我的工作。"言下之意即是那男人占用他的时间，所以须多付25美分。

那男人愣了一下，又说："好吧，你说这本书最少要多少钱呢？"富兰克林说："1美元50美分。"男人一听，不禁大喊："怎么又变成1美元50美分了？你刚才不是还说1美元25美分的吗？"

你一年的8760小时

富兰克林冷冷地说："对,不过我现在能出的最好价钱就是如此。"最后这个男人只好默默地把钱放在柜台上,径自拿起书离去。富兰克林为他上了终生难忘的一课——时间就是金钱,不要随便占用别人的时间。

在八小时的工作中,我们一直受着各种各样的干扰,并没有全心地投入自己的本职工作。总有一些计划外的人找上你,使你的时间被分割、被占用。如果你在办公室工作,你的客户和同事随时都可能来找你,他们不会顾及你正在工作。当然,现代社会,大多数人都需要与周围的人进行协作,关键是你知道什么时候属于工作上的联络,什么时候根本就是有人找你闲聊吗?

"能和你谈一分钟吗?"有人礼貌地走进你的办公室,诚恳地向你提出请求,但事实上,他根本不知道谈话会用去多长时间。所以,假如下次再有人向你提出这个要求的时候,你不妨回问一句:"真的可以在一分钟内谈完吗?"或者说:"没问题,我现在就有一分钟,但如果你想多谈一会儿的话,我们另外安排时间好吗?"

这样的情况也许在你的工作中出现的频率很高,你刚刚构思了一个设计文案,就有人来拜访,结果你的思路被粗暴地打断,你不胜其烦,又无可奈何,怎么办呢?

问问你自己,是谁总在打扰你的工作? 他们真的有非常重要的事非要你给出主意吗? 如果你不堪忍受,建议你用一个星期的时间,对来访的客人和来电做个记录。一个星期以后,你就会很清楚地发现是哪些因素总是打断你的工作:什么人? 为了什么事? 有没有预约? 你能不能帮他解决问题? 等等。某办公室主任赵先生曾经认真地做过这么一项纪录,结果他发现,80%的情况下,都是那20%的同事或客户在找他,真是无所不在的20/80法则。实际上最常来找他的是他手下的出纳。

这种情况比较好处理。但有些情况不是那么容易办了。

高小姐是某公司公关部经理。她是个办事井井有条的人,可她的上司有个习惯,总是在一大早就把她叫到办公室,给她分派一堆新任务。结果高小姐的工作计划都被打乱了,整个公关部的工作开展得也不好。

130

高小姐很聪明，她首先从自身找原因。她发现自己的工作并没有明显的纰漏，只是上司太爱发号施令了。于是，高小姐主动找到上司，正式要求他提前给自己布置工作，以便自己能更好地规划时间，并且说："其实，如果您能给我足够的时间，我会把工作做得更好。"她的上司不得不改变工作方式，高小姐的工作也越做越好了。

这里，就是想提醒你一个问题，千万不要让别人随便打扰你、占用你的时间。一天只有八小时的工作时间，而这八小时应该是足够你应付日常事务的。如果常常被一些不重要的人和事打断，以至于无法完成正常的工作，你就必须改变这种状况了。为此，你要做的是：

·找出是谁在打扰你

当你对那些接踵而至的打扰者不胜其烦的时候，请静下心来仔细考虑一下，通常是哪些人在打扰你，是下属、客户还是朋友？由此，你就可以制订相应的对策，避免你的时间被他们无端地剥夺。

·认清20%有意义的

在纷纷扰扰的打扰事件中，通常只有20%是有意义的，值得你亲自去处理；而其余80%的打扰是没有任何意义的，你没有必要理会。怎样才能判断是不是有意义的？标准是：看看与你的目标实现是否有重要联系。针对无意义的打扰事先制订出对策，防患于未然，减少一些不必要的打扰。

·肯定地拒绝但技巧地表达

如果是你的上司分派任务给你，你可以明确地告诉他新工作如何影响了你的更重要的工作，并向他建议其他可行之法。

·到对方的办公室去

谈完一件事之后，我们通常不好意思要求对方立即离开。所以，如果距离不太远的话，你可以到对方的办公室去谈论。这样，你自己掌握着主动权，谈完工作之后便可以离开。

·限制打扰时间

不妨对来访者说："我现在实在太忙，只有5分钟的时间和你谈。"这样，对方就会直接切入主题，双方可以迅速做出决策。要是对方说话很啰嗦,你可以不停地看表或站立谈话等暗示尽早结束谈话。

·转移话题

转移话题通常不用回答对方刚刚提出的问题,以此来拒绝对方。

·表现出冷淡的态度

比如应付那些推销人员,可以采取不理不睬甚至冷淡态度。当然,这并非教你做"冷血动物",而是现实中有些人确实令人厌烦,如果你对它们稍微表露出善意或微笑,他就会得寸进尺,就算你已经十分清楚地拒绝购买,他们仍然会死缠烂打,不肯罢手。因此,采取冷漠的态度可以说是不得已而为之。

·另行安排时间

当有人突然来访时,如果可以另外安排时间谈话的话,最好另外安排时间。比如打扰的人是和你非常要好的朋友,你可以对他说:"我很想和你聊聊,不过,我现在确实有急事需要处理。很抱歉,处理完这件事后我会马上和你联系。"主动权在自己手里,可以根据自己的精力另外安排一个时间。

·把自己藏起来

当你正在忙于一项重要的工作时,你完全可以采取一种保障措施来

排除来自任何方面任何人的打扰。你可以关起门来办公，既不干扰别人也不让别人干扰你，这样可以保证你集中精力完成最重要的事情。而当你安安静静地完成这项重要任务后，再处理其他的事情也不为过。

· 找借口

找借口可以有多种形式，比如，你可以说："噢，对不起，我要去参加一个家长会……"，或者说"要是你早几天跟我打招呼就好了，我刚答应了一个朋友，""可不可以改约下一次，我最近太累了"，等等。

著名成功学大师卡耐基说过，无偿占用我们时间的人就是我们生命的"杀手"，我们要勇敢地拒绝他。因此，我们要坚决回避那些根本不重要的访客，为自己赢得自由的时间。当然你要熟练地掌握拒绝的技巧，这样，面对对方的要求时，你就能从容应对，既能保证自己不被打扰，又能很好地维护彼此的关系，使你的时间管理技能更加完善。

04 现在开始，让自己做出积极的改变

二十岁时起支配作用的是意志，三十岁时是机智，四十岁时是判断。

——美国科学家 富兰克林

一个年轻人在街头闲逛的时候，看到一间小店很热闹，便走了进去。开店的是个年轻的女孩子，她热情地招呼："您想要什么款式的？ 看看有没有合适的。"

那个年轻人看中了一条牛仔裤，试穿，看看镜子，不大满意。年轻的女孩子将衣服收好，又拿出另外一件让他试。期间，不断地有人在试穿衣服，女孩子总是微笑着将弄乱的衣服重新整理好。那个年轻人几乎试遍了那间小店他认为是合适的衣服，却总是有点小问题让他感到不满意。最后，他一件衣服也没有买。出门时，他自己都觉得有点不好意思了，但

你一年的8760小时

年轻的女孩子说:"没关系的,不合适的,当然不能买啊,花了钱就是要买到满意的。这样吧,如果不介意,留下你的电话,我进货的时候找找有没有你喜欢的那种衣服,给你带一件。"

年轻人没有在意,随手写下了自己的电话号码,之后,他很快就忘了这件事。突然有一天,他看到手机上一个陌生的号码,一个年轻的女孩子的声音,问他是不是还需要那样的一件衣服,她帮他带了一件,如果方便,就到她的店里取,如果没时间,她就给快递过去。

这个年轻人看到那件衣服时,非常高兴,这正是他在杂志上看到过的,自己想要的那种! 此后,他们成了好朋友。年轻人常常让女孩子帮忙带衣服给他,他对朋友们戏称他有了个"御用"的买衣服的人。在大家都认为生意难做,钱不好赚的时候,这个女孩子的小店,却总是顾客盈门。

这个年轻人很奇怪女孩子为什么能做到这些,而他为什么做不到呢?

女孩子说,以前,她也常常抱怨生活的不如意,工作的辛苦。是她的一个老师让她对自己做出了改变。一次,她到老师家去请教一个问题。她到那里的时候,老太太正在吃晚饭:清炒胡萝卜、熘肝尖儿、一小碟泡菜,浓香的粥。老师的家也收拾得一尘不染。老师热情地招呼她一起吃饭。期间,她说到自己不开心的事,老师一直微笑倾听。老师说,你相信什么就会得到什么,如果你快乐就会得到快乐,如果你觉得自己不幸,真的就会遇到不幸的事。因此,人要快乐,就要对自己做出改变。

女孩子说,那一刻,她"悟"到了生活,她从老师那里回到自己住的地方做的第一件事就是把小屋打扫干净。然后,尝试着给自己做出可口的饭菜,并且下定决心善待她遇到的每个人,每件事。

有这么一个故事:一个国王有一天到郊外去,回到王宫,抱怨路把他的脚磨疼了,他下令铺一条从王宫到郊外的路,而且要铺上厚厚的地毯。一个大臣冒着杀头的危险,小心地建议他给自己做一双厚底的舒服的鞋子。国王沉思良久,猛然醒悟:自己需要的只是一双厚底的舒服的鞋子。

我们无法以任何方式改变他人,我们只能改变自己。我们只能改变自己对事物的理解,我们只能做出榜样,影响他人。

从上面的故事中，我们可以看出：

每个人都想过更好的生活，却不希望改变自己，天下没有免费的午餐，只有付出才有收获；你可以选择你想要的生活，抱怨只会让事情更糟糕，你可以选择不停地抱怨别人，也可以选择自己做出改变。它不一定要你完全改变你过去的所有，一个念头的转变，一点行为的修正，让自己慢慢拥有良好的习惯，会给你带来好的机遇。改变的力量可以来自权威，也可以来自自己的内心。

现在开始，对自己做出改变，不要嫌晚。知道了自己要改变的地方，就坚决去改变。如果你现在就开始改变自己，你会发现你正在改变世界，世界也变得更加明亮。

05 敢想，并立即付诸行动

时间会刺破青春表面的彩饰，会在美人的额上掘出深沟浅槽；会吃掉稀世之珍！天生丽质，什么都逃不过他那横扫的镰刀。

——英国剧作家 莎士比亚

在晓晓的销售生涯中，最得意的一次一天签下了三个大单，而这三个大单的主人是同一家公司。那时，晓晓工作的公司是一家 IBM 的三级分销商，她在那里负责同 IBM 合作做中小企业网建设的策划工作。那天，她接到一个客户的电话，询问如何建立中小型企业的网站。

晓晓在询问了一些客户的要求后，给对方传真过去一份简单的方案。不久，那个客户约她详谈。那家公司的主要业务是对一些大公司组织旅游和建筑设计。

她给客户先聊了些网站的事，然后又说到了局域网，她建议这家公司组建自己的局域网，大家共同使用的文件，可以共享，并且建立内部的论坛,有什么事情,大家可以发到论坛上,还可以通过它讨论问题。在 20 世纪 70 年代中期,互联网对很多人来说还是个新鲜事物。那家公司的领导觉得她说得很有道理,于是让她出个方案。

方案出来之后,对方很满意,和她签了合同。她不仅为那家公司注册域名设计界面和制作网站,还负责为对方建立局域网。在她带着技术人员为那家公司做局域网的时候,发现他们用的电脑配置比较低。于是,她又建议更新电脑。巧的是,客户刚好有一笔大的进账。员工们也都向领导提议将电脑换成高配置的。这家公司又和晓晓签订了购电脑的合同,并且一下就要了 20 台!

晓晓的一次生意成就了三笔订单:网站、局域网、电脑。

晓晓从中悟出了一个道理:不要为自己预设限制,不要认为客户不可能马上和你签单,你所要做的就是将不可能变为可能。只要敢想,付诸行动,一切皆有可能。当然,要抓住时间,抓住机遇。

成功在于
敢想敢做

许多成功的人之所以取得成功，就是因为他们敢想敢做。只有敢想才敢做，敢做才敢为。1956 年，哈默购买了西方石油公司，那年，他已经 58 岁了。初涉石油行业的他想要创建自己的石油王国，无疑存在着极大的风险。石油虽然很赚钱，但油源问题却很难解决。当时，世界上著名的石油产地沙特阿拉伯是美国埃克森石油公司的天下；在美国本土，得克萨斯州是石油的主要产地，但它已被美国已有的几家大石油公司垄断。如何解决油源呢？1960 年，哈默花掉 1000 万美元的勘探基金而没有任何结果时，他再次冒险接受了一位青年地质学家的建议——旧金山以东的地区，可能蕴藏着丰富的石油天然气。于是，他又想尽办法筹集到了一笔资金，投入到这个冒险的工程。当钻机钻探到 260 多米的深度时，终于发现了天然气，而它也成为加利福尼亚的第二大天然气田，估计价值在 2 亿美元以上。

哈默的成功故事再次告诉我们，敢想敢做，才会成功。

海尔集团的张瑞敏将成功归结为四个字：敢想敢做。想别人不愿意想、做别人不愿意做的事情。当然，敢想敢做是有目标的，经过一定的思考的，并且有一定的计划。敢想并不是幻想，敢做并不是盲目的行动。

世界上很多伟大的成功者，都属于敢想敢做的人，而有些所谓的才华横溢的人却因瞻前顾后而终无所获。成功是一种挑战自我的过程，对你来说，需要有更大的胆量、更快的速度、更奇的招数才能脱颖而出。也就是说，敢想、敢做是你必须遵循的成功法则。

06 只要开始，永远不晚

经验证明，大部分时间都是被一分钟一分钟地而不是一小时一小时地浪费掉的。一只底部有个小洞的桶和一只故意踢翻的桶同样会流空。

——法国语言学家 梅耶

有人说，我现在想学英语，可是，我已经30岁了，晚吗？

有人说，我现在想练习瑜伽，拥有柔韧的身体，可是，我都快40了，晚吗？

有人说，我想学舞蹈，可是，我都快20岁了，晚吗？

答案是，只要开始，永远不晚。

在网上看到这么一个故事，一个IT人，在30岁的时候，才成为一个真正的程序员。而在很多人看来，职业程序员的生涯，30岁基本上应该结束了——30岁，还像20岁的人那样坐在那里写程序，想想都可怕。这个程序员上学的时候，学的并不是编程，对于写程序，只是他的一个业余爱好。做个专职程序员一直是他的梦想。他的经验是：如果你觉得自己应该追求什么，不管遇到什么困难都不要害怕。不要因为自己年轻，就找理由浪费时间，少玩些CS之类的游戏，多看点书，多做些练习。如果你的英语很差也没关系，可以按照自己的方法来学，想怎么学就怎么学。什么时候努力都不晚，关键是你明白要努力，大器晚成总比一事无成强得多。

纪女士是北京某家出版社的编辑，在她47岁时，拿到了计算机博士学位。认识她的人，都很佩服她。年轻的时候，她到内蒙插队，返城后，刚好赶上恢复高考，那时，她已经快30岁了，儿子不满周岁。她要照顾儿子，要上班，还要复习功课，竟然顺利通过。专科毕业后，又参加成人高考；本科毕业，又考研究生；研究生毕业，又考博士。而且每次考试，学的都是不同的专业！她同时拥有体面的工作，幸福的家庭，成绩优异的儿子。问她如何做到的，她说其实并不难，只要想做了，开始做就行了，什么时候开始都不晚啊。

现在，有这么一句话大家都不会陌生："如果三十而未富，那你这辈子很可能已经没有机会了……除非天降横财。"于是，很多年近三十的人开始心浮气躁，很想抓住20岁的尾巴，在30岁前成功。这时候，如果发现自己在事业上难有大的突破，不免产生转行的念头，可是，又有点担心，现在才开始，晚吗？

30 岁是人生的一个新起点。30 岁左右的人，由于有了一定的经历，在思维上表现得更加成熟，更加理性。30 岁之前，有很多人可能并不清楚最适合自己的是什么。此时，只要你清楚你将来的发展方向，对个人及所处的外部大环境有充分地了解和认识，重新开始，一点都不晚。虽然社会上有 20 岁到 30 岁是成功的最佳时机的说法，但是，如果到 30 岁还没有明确自己的目标，也不要着急。只要你在努力寻找，40 岁发现目标又有何妨。

齐女士 37 岁才起了做心理咨询的念头，而此前，她做的是会计工作。两年中，她在工作之余，完成了所有专业课的考试，40 岁时，利用周末，参加一些咨询机构的活动，并且拿到了咨询师的资格证。现在，她已经在北京某家咨询所挂牌做专业的咨询师了。

有个做学历教育的朋友曾给我讲过这么一个故事，说对他的触动很深。

某天，他正在接受新一期的英语班报名，一位年长的女士走了进来。他原以为她是给自己孩子报名的，没想到，她却是自己要学英语，看她身份证上的出生日期，已经 60 岁了。朋友很吃惊，问她为什么这么大年纪了还要学英语。她说她的儿子在美国，前两年生了个孩子，她去帮忙照看孙子，发现自己简直就是个哑巴，只能整天待在房子里。将来，儿子还会接她过去的，如果不能和人说话，多可怕啊。朋友说，可是，你已经 60 岁了啊，如果英语达到可以对话的水平，起码要两年的时间啊，那时你已经 62 岁了。老太太说："我现在不学，过两年还是 62 啊。"

人生犹如四季，错过了春天，就不要再让夏天错过。俗话说：亡羊补牢，犹未晚也。只要开始，就有收获。如果你现在确立了目标，不管年龄几何，现在开始，就不晚。

07 大器，可以晚成

幸福本身就是一条道路。因此，珍惜你拥有的每一时刻。并且要更加珍视现在，假若你与某个特别的人分享了这一时刻，这个人十分特殊，值得你和他共享这一时光……要记住：时间不等人。

——佚名

人们在年轻时精力旺盛，体力等各个方面都很好，这为成功奠定了一定基础。但是，年龄的增加，并非意味着智力的衰退和成功可能性的缩小。有很多医学方面的研究证明，人50岁时的智力和30岁时并没有什么区别。如果你一直在学习的话，即便到了50岁，智力仍然是发展着的，80岁以后，大部分人的智力才会真正的衰退。成功是一生的事，它不分年纪的长幼。世上既有少年得志的"神童"，也不乏老有所成的"大器晚成"之人。

你看过《堂·吉诃德》吗？当你在感叹它的不朽时，可曾想到它的作者塞万提斯在53岁时才开始写书？他的一生充满坎坷、贫穷和伤残，一般的人恐怕不会对他的命运做出美好的设想，然而，他却成功了，他的书不仅风靡世界，而且经久不衰，成为永恒的经典。

在美国，有很多妇女中老年才开始创业，她们敢于消除疑惑，改变人生的轨迹，激励自己从事长久以来一直梦寐以求的事业。她们被称为"迟开的鲜花"。

玫琳凯这个名字，女性朋友们不会感到陌生。1963年，45岁的玫琳凯因为不满公司的不公平待遇，愤而辞职，在儿子的帮助下，以5000美元开办了一间小化妆品公司，一个商业的奇迹也由此诞生。创业之初，困难重重，但是她坚持了下来，公司成立的第一年，在十来个销售人员的共同努力下,销售额为 20 万美元。第二年,达到 80 万美元。1976 年,玫琳凯公司正式在纽约股票交易所上市,这是第一个由女性拥有的股票上市公司。玫琳凯由一个名不见经传的小人物,成长为美国最大的护肤品经销商。如今,玫琳凯已经在世界上的 30 多个国家设立了分公司,每年的零售额达 20 多亿美元。2000 年美国终身线上网站票选结果,玫琳凯荣获"二十世纪商业界最具影响力女性"殊荣。美国《福布斯》杂志评选出的 200 年来在全球企业最具传奇色彩并获得巨大成功的 20 位名人中,她是唯一的女性。1999 年,和居里夫人、特丽莎嬷嬷一起被评为 20 世纪全球最具影响力的妇女。

　　前些年全球最热门的女性要算是《哈里·波特》系列的作者罗琳了。她 24 岁那年,在前往伦敦的火车上萌生了创作"哈利·波特"系列小说的念头。七年后,《哈利·波特与魔法石》(1997)问世,轰动了世界,随即《哈利·波特与密室》《哈利·波特与阿兹卡班的囚徒》《哈利·波特与火焰杯》相继诞生,"哈利·波特"飓风席卷了全球。2003 年 6 月,她的第五部作品《哈利·波特与凤凰社》在全世界"哈利·波特"迷的翘首企盼中问世,再次在全世界掀起"哈利·波特"狂潮。不知是否可以用"七年磨一剑"来形容哈里·波特这个大眼睛小男孩的横空出世,此时罗琳已 31 岁。而曾经作为单亲母亲的她,生活一度极其艰辛。天才的构想、生活的磨砺、艰辛的劳动缺一不可。

　　中国《英语逆向学习法》的创造者钟道隆教授,45 岁才开始学习英语,一年后,成为一名翻译。1979 年,作为某设计院的高级工程师,他随团去德国和法国参观。当时,他的英语水平可以阅读所熟悉的专业书。但是,一到国外,除了日常的问候语,其他的几乎都无法听懂,更谈不上说了。而对于他所熟悉的专业书面材料,如果变成大写的,一时还认不出来。在国外期间,他们每个人的口袋里都有一张写着住在 XX 旅馆的纸条,以防走失。对此他感到非常难受,回国后下决心一定要把英语学好。

　　为了学会英语,钟教授每天坚持听写 20 页 A4 的纸,不完成目标决不罢休。从 1980 年到 1993 年,他写了一柜子的听写记录,听坏了 9 部电子管的录音机,4部单放机,3部半导体收录机,翻坏了两本字典。当时,他的一个领导看到他学英语的劲头说"上帝也会感动"。就这样,他总结出了"听、写、说、背、想"五法并举且收效显著的"英语学习逆向法",为许多想要学习英语的人找到了一条通向成功的道路。

正如我们前面所说的,只要你有了自己的目标,开始行动了,便不算晚。不要只是一味地羡慕那些成功的人,即便你的生命已经可以用"夕阳"来形容,只要你做了,也可以老有所成。

第七章

良好的品质将助你节省更多的时间

改变一个人需要多长时间，没有人能做出准确的统计。但是我们不得不承认，有时候，仅仅在很短的时间内你的命运可能就大大改观了。这不是说时间会施展什么魔法，实在是其中有很多的奥妙，而这些奥妙往往在瞬间就昭示于人，这全靠你自己去把握。

01 捡起地上一张白纸的时间

一定的忧愁、痛苦或烦恼，对每个人都是时时必需的。一艘船如果没有压舱物，便不会稳定，不能朝着目的地一直前进。

——德国哲学家 叔本华

我们经常说人这一生中，命运不可把握，这实际上意味着起决定作用的、影响命运的时刻，往往就在某一瞬间。在这一瞬间，你向前迈进了一大步，以后按常理你会保持继续向上升的趋势；如果晚了一步，以后可能步步晚。现实中这样的例子是不少见的。

老板说，今天下午一点钟要召开一个全体员工都要参加的会议，他要宣布公司的副总经理的任命。

大家都在猜测，这个新任的副总会是哪一位。在员工的心目中，杨先生应该是最合适的，他学历高，为人和善，业绩一直不错，我们都私下对杨先生表示祝贺，他自己也满心欢喜。自从原来的副总离职后，公司一直没有任命这一职位。老板坚持从公司内部提拔，让员工有发展的机会。属意这一职位的同事不在少数，因为老板发话"即便你只是一个普通的职员，也有可能成为我们新的副总"。最近，大家都异常努力地工作，希望自己的优良表现能得到老板的青睐，使副总的头衔落到自己身上。更何况得到了这个职位，年薪可是六位数啊！

历时半年，老板终于要做出决定了，谁会是那个幸运者呢？

会议在一家饭店举行。老板总结了公司半年的工作之后，说："现在，进入正题，我要宣布咱们公司新任的副总经理了。"

一时间，会议室里沸腾了，有人说是杨，也有人说是张，还有人说是李……

老板摆摆手，制止了大家的喧哗："不错，刚才大家说的几位表现都不错。但是，很可惜，我要说的是，我们的新副总经理是——华！"

大家先是惊愕，很快，大家鼓掌，向华祝贺。

"为什么我会任命华作为新任副总呢？他的业绩比不上刚才大家说的那几位，但是，差距也不是很大。大家还记不记得，有一天早上，咱们办公室的过道的地上，有一张白纸？"

有人点头，有人一脸迷茫，有人说："我看到地上有张白纸了，想到清洁工会收拾的，就没在意。"

这时，老板开口了："我那天很早就到了公司，故意将一张白纸放到地上，这是我考察副总经理人选的最后一项。咱们公司现在有 56 名员工。只有 5 个人拣过那张纸！华是其中的一位！我需要的副总经理，不仅要有好的业绩，还要细心，周到，对公司的一切，都充满责任感！"

大家再次鼓掌。杨和其他几位，因为一时的疏忽，错失了升迁的良机，虽然他们在其他方面的表现非常优秀。

"一屋不扫何以扫天下？"从小处着眼，关注工作中的每一个细节，它可能关乎你的前途。从地上捡起一张纸，只需弯下腰身，几秒钟的时间。可是，就是这几秒钟的时间，改变了杨的命运，也改变了华的命运。

其实，时间就是由一分一秒组成的。在有限的时间里，做什么不做什么全看我们自己，这就要看你怎么认识怎么使用它了。从投资的角度来看，因为你这一秒钟的投入而得到一个难得的提升机会，回报率是相当高的，因为这一机会可能你以后花几年的时间来争取也未必能得到。所以，拥有良好的品质将会为你省下不少的时间。

02　接一个电话的时间

时间最不偏私，给任何人都是二十四小时；时间也是偏私，给任何人都不是二十四小时。

——英国科学家　赫胥黎

1876年3月10日，贝尔发明了电话。1892年，纽约芝加哥之间的电话线路开通。电话从此成为人们最主要的信息交流方式，它方便、快捷、真实，极大地提高了工作效率。

但在现代办公环境下，不断响起的电话铃声，往往也会给人带来烦恼，甚至给人带来意想不到的结果。

徐先生所在的公司最近要有一笔资金进来，大家都盼望资金尽快到位，新的项目可以早些运作。成功了，大家会加薪。如果表现出色，被新的董事看重，还会有晋升的机会！

徐先生是这家公司市场部的主管，他又是一个工作异常积极的人，别人下班回家了，他还在忙工作。老板对他很器重。大会小会，老板总要提到他的名字，"瞧瞧徐先生，他这个季度的业绩是全公司最好的""徐先生每天已经够忙的了，可是，还能为公司想出很多增加利润的好主意"、"大家都要向徐先生学学，把公司的事当做自己的事"……

徐先生办公桌上的电话总是响个不停，他的桌子上有两部电话，还有他的手机，经常是刚刚接起一个电话，另一个电话响起来，常常听到他说："对不起，一会儿我再给您回个电话过去，我这边现在有电话进来。"

偶尔，徐先生会说，真希望电话能少一些，天天说话说到嗓子哑。偶尔，他也有不耐烦的时候，电话讲到一半，觉得和自己的业务无关，就会随便找个理由，挂掉这个电话。

这一次,徐先生桌子上的电话又响了,他因为刚刚处理完一个难缠的客户的问题,心情不大好。

"你好,找哪位?"徐先生例行公事地问。

"请问是＊＊公司吗?"对方一口南方口音。

"是,您有什么事吗?"

"我想咨询一个产品,就是那个减肥的保健品,你能给我介绍一下吗?"

"请您咨询保健品的产品经理,他的分机是……"徐先生说。他心里一肚子的火,心想前台的秘书怎么回事啊,把产品咨询的电话转到他的座机上,明明有主管经理嘛。虽说他在这家公司已经待了六七年,对公司销售的产品熟悉得就像自己的手指头,只要提起某个产品的名字,脑海里就会浮出关于这个产品的一切:包装、性能、成分、生产厂家,等等。可是他今天心情实在不好,要是往常,他可能不会推掉这个电话,既然电话到了他这里,他自然是会给客户解释得清清楚楚的。

刚放下电话没出两分钟,徐先生的电话又响了,接起来,竟然还是刚才那个客户。徐先生正想再告诉这个客户让他打具体的产品经理的电话,站起来,发现那个负责保健品的经理不在座位上。他只好耐心地给这个客户解释,直到客户满意。这个电话,徐先生用了半个多小时。

公司的那笔投资终于到账,徐先生的薪水又涨了四分之一。老板在庆祝大会上,又大大地表扬了徐先生一番。原来,那个咨询产品的客户就是他们的投资人!徐先生知道后,心里想,幸亏第二次打进来的电话没有推掉!

老板说,那个投资人打电话的目的,就是要试探一下公司员工的工作态度。第二次电话打进来,徐先生的解答,让他十分满意。他觉得,一个不是具体负责产品的人,能对公司所售商品了解得这样清楚,说明公司的员工十分敬业,这也坚定了他投资的决心。

试想一下,如果徐先生第二次接到这个电话,仍然让对方去找具体负责人的话,后果会是什么?投资人可能会对公司失去信心,公司就可能得

147

不到这笔投资了。

　　作为一个上班族,天天都会接电话,态度是客户了解公司的窗口之一。友好的语气,得体的话语,无形中会让来电话的人对公司产生好感。反之,便会使公司的名誉受损。

　　接听电话可能是我们最普通的业务,不是所有的电话都会影响你的晋职加薪。但如果百分之几的电话会对你的工作产生关键性的影响,那你可要注意了。可能这个电话也就是几分钟的事,结果却是完全相反的。

03　轻点鼠标的一秒钟

人生天地之间,若白驹过隙,忽然而已。

　　　　　　　　　　　　　　　　　——中国哲学家　庄子

　　瑞贝卡在点击"发送"的时候,可能仅仅用去了一秒钟的时间,然而,就是这一眨眼的功夫,她被网络上传为"史上最牛的女秘书",她也不得不为这一秒钟的时间,付出沉重的代价——离开她所任职的公司。也许这件事,还会影响到她以后的工作。

EMC 大中华区总裁陆纯初回自己的办公室取东西,到门口才发现自己忘了带钥匙,而他的私人秘书瑞贝卡已经下班。他无法联系到瑞贝卡,于是在凌晨一点写了一封措辞严厉的信。同时,还将这封信转发给了公司的几位高管。

面对自己上司的责备,该怎么办呢?正确的做法是,回一封口气委婉的信,说明离开的原因。接受上司的要求,并且道歉。试着让自己相信,老板发那封信的时候,可能也是一时之气。

然而,瑞贝卡的做法却与此完全相反:她不仅回复了一封咄咄逼人的信,并且将它转发给了 EMC 北京、广州,成都、上海等分公司,致使公司所有员工都收到了这封信。这些员工又将信转发给了自己的朋友或同学。

邮件被转发出 EMC 不久,陆纯初更换了自己的私人秘书。EMC 内部一些参与转发邮件的同事也被人事部门挨个找去谈话。

瑞贝卡这么做看着十分过瘾,那些转发邮件的员工也觉得解气——总算有人敢骂老板,出了一口恶气了。其实这么做是相当不职业也不成熟的,她今后会很难找到适合自己的工作。她违反的不仅是潜规则而且是明规则。哪家公司会录用一个喜欢破坏明规则的人呢?一封邮件发送给了那么多人,又在网络上被传得沸沸扬扬。这样的方式,必然造成不睦。难道就没有其他的更好的方法来沟通,一定要采取这样过激的方式吗?这样处理事情的方法,对于当事人来说,百害而无一利,在职场当中,是没有人可以接受的。

一秒钟,可以进一个球,足以改变胜负的一个球。一秒钟,也会因为冲动,付出极大的惨痛的代价!做一件蠢事也许只要一秒钟的时间,后果可能是要用更多的时间来弥补,换句话说,这何尝不是因为这一秒钟而使我们浪费了无数的一秒钟呢?

04 如果早起5分钟

在今天和明天之间,有一段很长的时间;趁你还有精神的时候,学习迅速办事。

——德国诗人 歌德

"在黎明前起床是很好的习惯,这有益于你的健康,财富和智慧。"古希腊大哲学家亚里士多德如是说。

充足的睡眠对人来说是非常重要的,它可以使机体获得充分的休息,得到充足的能量,让我们的大脑保持清醒。但睡眠也不能贪多,特别是早上,早起5分钟,会如何呢?

小王是个朝九晚五的上班族,每天,他都在7点半准时起床。10分钟洗漱,10分钟早餐,然后乘车去上班,路上大概要走一个钟头。9点钟,他会准时出现在办公室。

可是,他无论如何也没有料到,他坐的那班车竟然会晚点。

和往常一样,小王在7点50左右在站牌等车,那趟车居然在8点钟才到。一路上念叨着老天保佑,司机快快地开车,他觉得车速比以往任何时候都要慢。老天,千万不要迟到啊,迟到1分钟就要被扣掉20块钱啊!

那个转弯处堵车了! 原来那里在修路,昨天还是可以并行的三车道,今天却成了单行线! 怎么事先也没有通知一声呢?

冲进办公室,差点撞到老板! 老板冲他微微一笑:早啊。打卡钟的数字跳到了9点5分。唉,要是早出门5分钟,也不至如此啊。

擦桌子,洗茶杯,开始工作时已经9点半了。他到这家公司刚通过试用期,迟到这么久,而且又被老板碰到,以前费劲苦心经营起来的好形象可能大打折扣了。一天都在忐忑中度过,工作起来也没有什么心情了。

如果早5分钟,情况可能完全不同了。

利用早起的5分钟,思考今天的工作。短短的5分钟,你可以想想今天有什么事情要做,或者想想某一项工作应当如何处理。等到了办公室,很快就能投入工作。我的朋友莉莉是个记者,还兼职给几家时尚杂志撰稿。她说她的灵感,多是来源于清晨的几分钟。

"通常在5点半,大家还没有起床的时候,我就起来了。好安静啊,感觉天地间就只有自己一个。坐在书桌边,喝一杯白开水,想想前一天发生的事,看看有没有什么新鲜事可以写,然后列出一个大概的提纲。白天空闲或者晚上的时候,润色一下,一篇关于时尚的文章就出来了。既误不了自己的工作,给那几家杂志撰稿也没有感到压力,还能挣上小小的一笔。"

"因为早起,我还会有时间不慌不忙地吃早餐,不必饿着肚子上班,或者像有些同事那样,带着早餐上班,或者边走边吃,看着很不雅啊。"

"早起的几分钟,可以给自己化化妆,让自己神清气爽地出门,也不必

跑着去赶车。还可以在家里做个小小的锻炼。打开窗,在阳台上伸伸胳膊弯弯腰,做几个深呼吸,一天都会头脑清醒。"

"早起几分钟,上班就不会迟到,那些像打卡钟一样准时的同事到办公室的时候,我已经收拾好桌子开始工作了。下班的时候,除非特殊情况,我不加班。"

莉莉的这些话,对你是不是有所启发呢? 短短的几分钟,竟然会这么神奇!

你可能会说,那么早起不来啊,醒了也想再睡个回笼觉。可是,你有没有发现,越睡越想睡? 总也睡不醒? 而且睡得越多反倒越困? 是的,在你早上醒来的时候,表示你的身体已经休息够了。再多睡一会儿,反会让原本清醒的大脑,重又陷入混沌。温暖的床让人留恋,但不能让它影响了你的工作啊。

如果早起 5 分钟,我就不会在高考考试时迟到,也许还可以多得几分,说不定就可以进更好的大学;

如果早起 5 分钟,我坐的车就不会被堵在那儿,也就不会让老板看见我迟到;

如果早起 5 分钟,我可以吃早点,就不会饿了一上午,头昏眼花,工作效率很不好;

如果早起 5 分钟,我可以给自己化个漂亮的淡妆,给自己一天一个好心情;

如果早起 5 分钟,我可以扫一眼昨晚背诵过的英文单词,巩固记忆;

……

5 分钟,有时就这么潜移默化地影响着你的生活,让你无法忽视它的意义。那么,何不从现在开始,每天早起 5 分钟,也许你会觉得这一天变得从容了呢。

05　勤奋，不放弃一点时间

我们若要生活，就该为自己建造一种充满感受、思索和行动的时钟，用它来代替这个枯燥、单调、以愁闷来扼杀心灵，带有责备意味和冷冷地滴答着的时间。

——苏联作家　高尔基

时钟一分一分地走过，日历一页一页地翻过，它们的变化，记录着我们时间流逝的过程，或者说是我们生命消亡的过程。时钟每动一下，这一秒钟，便冷漠地消失了，消失在时间的长河里。日历每撕下一张，我们的心底就会发出一声叹息，在这一声叹息中，我们的人生，就离坟墓又近了一步。每一次看到日落，我们会不禁地感叹，我们的生命又走过了一天。

时间又常常是我们衡量人生成功或失败的尺度。

时间是人生最大的财富。一个人是成功还是失败，除了一些偶然因素，最大的区别，就在于利用时间的区别。你利用时间的方法，将决定你能取得多大的成功。我们出生时，上帝送给我们最好的礼物就是时间。不论穷人还是富人，这份礼物是如此公平：每人一天 24 小时——8.64 万秒钟。但是，我们又有多少人真正合理地利用这笔财富呢？也许是因为上帝的"公平"，让我们觉得这个礼物来得如此廉价，我们对它经常是视而不见，任其流逝。而那些成功者，却珍爱时间如同珍爱自己的生命，在有限的时间内，尽自己最大努力，创造生命的奇迹。

伟大的作家歌德，一生勤奋写作，作品极为丰富，有剧本、诗歌、小说、游记等，他的一生为后世留下 140 多部极富价值的作品，其中世界文学瑰宝《浮士德》长达 12111 行，创造了当时诗歌写作的奇迹。歌德一生都非常珍惜时间，他将时间看做是自己最大的财富。他曾在一首诗中这样写道:"我的产业多么美,多么广,多么宽! 时间是我的财产,我的田地是时间。"他把时间当作生命,从不浪费一分一秒,直到84岁临终前还伏案专心写作。

被誉为"科幻小说之父"的伟大作家儒勒·凡尔纳,以《格兰特船长的儿女》《海底两万里》《神秘岛》闻名世界。他也是一位善于利用时间的高手,他的一生记了上万册笔记,写了104部科幻小说,共有七八百万字,是一个典型的多产作家。他是怎样利用时间的呢? 他每天早上5点钟起床,一直伏案写到晚上8点。在这15个小时中,他只在吃饭时休息片刻。当妻子来送饭时,他搓搓酸胀的手,拿起刀叉,很快填饱肚子,又拿起笔。妻子关切地问:"你写了那么多了,为什么还抓那么紧?"凡尔纳笑着说:"放弃时间的人,时间也放弃他。我哪能不写呢?"凡纳尔的妻子总结丈夫成功的经验,说:"凡尔纳成功的秘诀很简单,就是他从不放弃时间。"

谁对时间越吝啬,时间对谁越慷慨。要想时间不辜负你,首先你要不辜负时间,好好地利用一分一秒的时间。放弃时间的人,时间终将放弃他。

如果你希望过得充实,生活得有意义,有价值,那么你就勤奋地工作,勤奋地做一切事,不要放弃一点时间,不要一边无所顾忌地挥霍自己的时间,一边又以"没有时间"为借口,一味地拖延你奔向目标的努力。只有珍惜每一点时间,将它们充分利用,你的梦想才会离你越来越近。

06　利用上下班路上的时间

时间是一个伟大的作者,它会给每个人写出完美的结局来。

——美国艺术家　卓别林

社会越来越发达,我们的居住地离我们工作的地方也变得越来越远。

对于大多数人来说,上班路上耗费一些时间,是无法避免的。从你住的地方到上班的地方,你要花费多少时间? 30 分钟、40 分钟、1 个小时或者更长? 很多人都觉得这一段时间漫长而无聊:坐在公交车上或是地铁上,摇摇晃晃,昏昏欲睡。但是,这一段时间却是每天都要经历的。

假如我们每天上班用在路上的时间平均为 40 分钟的话,一个月按 20 个工作日计算,一个月就有 800 分钟。噢,老天,800 分钟,是什么概念? 十几个小时啊!

我们一起来看看,上班的路上,能做些什么:

我曾经试着在上班的路上看书。从我住的地方到公司,有 1 个钟头的车程。好在有一班能直达公司的公交车的始发站离我住的地方不远,早一点出门,总有座位可坐。上车后,找一个角落坐下来,开始看书。1 个月的时间,我认认真真地读完了一本将近 300 页的书!

你可能会说:"我可没你那样的好福气,天天上班挤得像照片。看书? 做梦去吧!"

你是不是有 MP3 或者是可以随身携带的小收音机? 听听你喜欢的东西:比如歌曲、娱乐资讯、新闻、时尚信息等等,只要是你喜欢的,能够让你感到开心的或是有用的都可以呀。

我有一个参加自学考试的同事,她把课堂上老师讲的内容全录在 MP3 里,在上下班的路上听,一年的时间,她的英语水平突飞猛进,顺利地通过了考试。她说,在路上听着老师讲的,想着单词句子该怎么写,想不起来的,晚上到家赶快看看书,着重记。只用上下班的时间,我把老师讲的内容听了七遍。

还有一个被我们称为"时尚风向标"的同事,对于服饰、发型、妆容的最新流行了如指掌,她的这些信息,几乎全部来自于她上下班戴着的耳机!

现在,很多公交车或者地铁车上都有车载电视或广播,处处留心皆学问,充分利用它们,既让自己有所收获,又不会让上下班的时间显得太无聊。

07 减少看电视的时间

在所有的批评中,最伟大、最正确、最天才的是时间。

——俄国哲学家　别林斯基

1926年1月27日,苏格兰发明家约翰·贝尔德向伦敦皇家学院的院士们展示了一种新型的、能够通过无线电传递活动图像的机器,贝尔德称他的发明为"电视"。从此,看电视逐渐成为人们日常生活中最重要的内容之一。

你一天晚上平均看多少时间的电视? 问周围的同事和朋友,很少有晚上不看电视的人。

"我大概看几个小时吧,"有朋友说,"我看那个电视连续剧,就是那个韩剧,我简直看得入迷,欲罢不能,每天晚上守着电视,跟着俊男靓女哭哭啼啼,想想其实也没什么意思。"

"这可说不准啊,有时看两三个小时,有时差不多看通宵,昨天晚上我就看到凌晨4点,我借了朋友的碟,看了好几个恐怖片,真刺激,就是看完睡不着觉了。今天一整天都头晕脑涨的。"

我们发现,很多人晚上看电视的时间竟然有三四个小时,想想也很可怕的,我们能从电视上学到知识吗? 答案是:当然。我们可以从电视中了解到很多很多的信息和知识,也能获得一定程度的娱乐价值。

但事实却是,很多人痴迷于电视。下班了,一到家,赶紧打开电视,跟着肥皂剧里的人物喜怒哀乐,而这些对你的工作和生活几乎没有什么意义,而时间却随着一集一集的电视剧而消磨掉了。

那么,不如减少看电视的时间吧,除了必要的信息,那些肥皂剧不看也罢。减少两个小时看电视的时间,就可以做自己喜欢的事,等于1天为自己省出了一到两个小时的时间。那么 1 年累计下来,也是一笔不小的时间资源呢。

08　睡前和早起的时间

迁延蹉跎,来日无多,二十丽姝,请来吻我,衰草枯杨,青春易过。

——英国剧作家　莎士比亚

不是每个人都有这样好的睡眠:躺到床上就酣然入梦,一觉醒来天色大亮,神清气爽。可怕的是,我们往往是躺到床上几十分钟甚至更长的时间才能入睡,早上醒来,在床上赖一阵子也是常有的事。

入睡前可以做的几件事:

·想想一天的工作和生活,收获是什么,有哪些不足之处需要注意;

·用三五分钟的时间写写日记,记下对生活的感悟;

·在床边的小柜上放上便笺,随手记下自己想起的事情;

·在手边放一本自己喜欢的书,临睡觉前翻看几页;

·平躺身体,四肢放松,缓慢地深呼吸或者听听音乐,放松一天紧张的神经。

早上起床前可以做的几件事:

·醒来时先不要急着起床,除非你不马上起床上班就要迟到。在床上静静地待上几分钟,让自己彻底醒来。起床过猛对人的心脏和血压都没有好处,会造成头晕或心悸,如果时间允许,最好能在床上待上三五分钟再起来。

·想想今天的工作,要做哪些事情,哪些是最重要的,将它们简单地排个次序;

·如果你头天晚上记下了一些事情,拿过来,做个简单的方案;

·想些愉快的事情,让自己从一天的开始就有个好心情;

你一年的8760小时

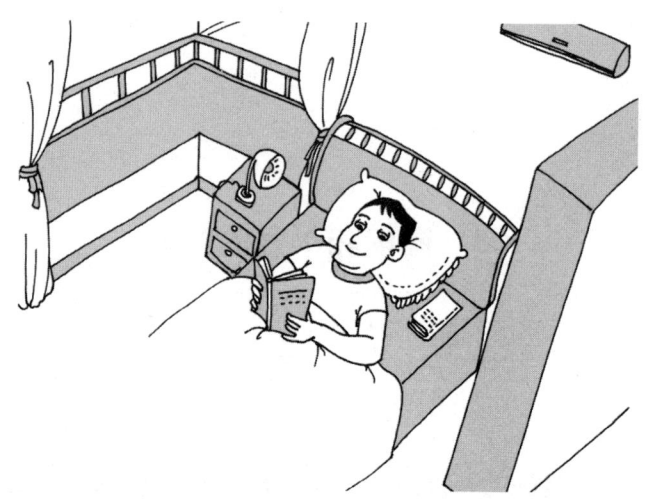

　　·在床上做几个简单的瑜伽动作,唤醒身体,并且更有意想不到的瘦身效果!

　　·如果能够清晰地记起你的梦,花上三五分钟,将它们记录下来,下班回来有时间再加以整理。梦是自己潜意识的反映,它们能够为你的工作和生活带来有益的启发。

　　造成人们抱怨"时间不够用"的原因,总的来说有两个:工作完不成和没有自由支配的时间。解决这些问题最有效的秘密武器是充分利用早晨的时间。

　　好好利用起床后的时间:

　　大城市的交通都很成问题,每天耽搁在路上的时间常令我们不胜烦恼,如果你早上6点钟能起床,6点半钟出发,大概路上拥堵的状况能稍好一些,你到公司的时间就能大大缩减了。可能你会提前1小时到公司了,这1小时很宝贵,你可以把这1个小时作为自由时间,制订自己的计划。

　　如果把这段时间作为自由时间,那么有三大类内容可以选择:

　　·健康系列——散步、做体操、准备营养均衡的早餐等;

　　·信息系列——收听收看新闻、上网收发邮件等,这个时间上网的人较少,网速也很快,无形中就为你节省了时间。

　　·学习系列——准备考试、读书或写作等。如果每天能保证读书半

158

小时,那么两星期就可以读完 1 本书;如果正在准备某项资格考试,收获也会不小。

起床后的 3 个小时是人们注意力最集中的时段。建议你能在早晨 6 点起床。这么早就起床真的很不容易,但是如果每天都坚持,一定能取得意想不到的成果,试试看吧。

09 零碎时间做零碎事

不要老叹息过去,它是不再回来的;要明智地改善现在。要以不忧不惧的坚决意志投入扑朔迷离的未来。

——美国诗人 朗费罗

"时间是由分秒积成的,善于利用零星时间的人,才会做出更大的成绩来。"大数学家华罗庚这句话想必都不陌生。时间是人生中最宝贵的资源,可是我们却不无遗憾地发现,总有一些零星时间不经意间从我们的指缝间溜走。于是,我们就经常感叹,时间无情。实际上如果我们能设法把这些正从自己生活口袋中溜走的时间节省起来的话,就会发现自己多拥有了好几个小时。充分利用它们,以赢得在各项工作之间的喘息机会,就会收到一些意想不到的效果。正如历史学家吴晗所说:"要做时间的主人,妥善安排时间,即使是零星时间,10 分钟,半小时也不轻易放过。掌握所有空闲时间加以妥善利用,一天学习一个小就能积累 365 小时,化整为零,时间就被征服了。"

我们每天的生活,充斥着大大小小的事情,它们将时间分割成无数的碎片。这些散碎的时间,看起来做不成什么大事,那就利用这些时间来做些琐碎的小事吧,可能在短时间内你没有什么特别的感觉,日积月累,将会有惊人的效果。

爱因斯坦是利用零碎时间的高手。有这样一个故事:

你一年的8760小时

1914 年,爱因斯坦应物理学家普朗克等的邀请,回到柏林担任威廉物理研究所所长和普鲁士科学院院士。一般新当选的院士要拜访50 位老院士。

爱因斯坦听说心理学家施都姆普夫对人类空间有研究,就决定去拜访他。爱因斯坦上午 11 点到达,女佣告诉他:"主人不在家,要不要留话?"爱因斯坦回答:"不用了。"他就到院子里散步,边走边思考问题,不知不觉地过了 3 个小时。下午 2 点,爱因斯坦又来来敲门,女佣说:"主人在睡午觉。"爱因斯坦一点也不急,又到院子里去做公式演算。下午 4 点,爱因斯坦才走进心理学家的门口。虽然整整等了 5 个小时,他却一点都没有浪费时间,全部用在了自己的研究工作上。

爱因斯坦还曾组织过享有盛名的"奥林比亚科学会",在每晚的例会上,参加会议的人常手捧茶杯,边饮茶边谈笑风生。据说,今天茶杯和茶壶已成为英国剑桥大学的一项"独特设备"。其目的就是鼓励科学家充分利所谓的"零星"时间,在饮茶品茶之时沟通彼此的学术思想,交流科技成果。

我国北宋大文豪欧阳修曾总结读书最佳处所为"枕上、厕上、马上",被称为"三上读书法",堪称利用零碎时间的典范。

现代社会快节奏的生活工作前提下,怎样利用零星时间呢? 当然是碎时间做"碎事"。

·学语言

将单词抄在小卡片上,随身携带。比如在上下班等车的时候,可以拿出来看看。一天你可能只记住了三两个单词,一个月就是40－60个,一年你的词汇量就能多出 500－700 个! 如果用整块的时间,这些单词你要多久才能记得住呢?

·做合同

上班族基本上都有过出差的经历。尤其是做销售工作的,可能一个月有二十天都在路上。你可能是和同伴一起,也可能是自己,漫漫旅途,好无聊啊。你可以利用这段时间思考一下你下站的目标,草拟合同或计划。

·读书看报

在你的书包里装上一本自己喜欢的书,或者报纸,如果你是做财务的,去银行是你日常工作中必不可少的。在银行往往要待上半小时甚至一个小时才能轮到你,这可是一块不小的时间啊,假设平均等待的时间为半个小时的话,足够你看完 10 页书或者一份报纸。

·制作电子贺卡

如果在某天你早到了办公室,整理好自己的办公桌还没有到上班的时间,花上三五分钟,制作一张漂亮的电子贺卡发到同事或客户的邮箱中,让他们打开邮箱就收到你的祝福,他们一天也会开心,对你也会更有好感,更乐意与你合作。

·编织

如果你会编织的话,带上一团绒线,在路上或者在看电视的时候,织上几针,一两个月,你就能织成一件漂亮的毛衣!

·教孩子知识

我的一个同事,他的孩子刚刚 5 岁,能背 200 多首唐诗,说起一些动植物的知识,也头头是道。我的同事说,孩子的这些知识全是在上下学的路上学的。每次送孩子上学和接孩子放学的路上,他都给孩子背诗或者讲一些动植物的知识,不知不觉,孩子便记住了很多。

·发短信

离开办公室坐电梯的时间,或者在等人的时候,给你的亲朋好友或者客户发个轻松的短信,不会打扰他们,又能让他们知道你对他们的关心,如果他们正在紧张的工作,看到你的短信微微一笑,也能调节一下他们的情绪。

10　积少成多获得额外的时间

当许多人在一条路上徘徊不前时,他们不得不让开一条大路,让那珍惜时间的人赶到他们的前面去。

——古希腊哲学家　苏格拉底

很久以前,彼得·库克出演了一部有关核战争的讽刺短剧。据说,当

你一年的 8760 小时

核战将要爆发时,早期的雷达预警会在敌人的导弹朝我们射来时提前四分钟发出警报。

"4 分钟你能做什么?"其中一人满怀忧虑地问。

"有人可以在 4 分钟内跑出 1 英里(折合 1.6 千米)。"有人回答。

尽管 4 分钟不足以让人逃出这种灭顶之灾,但它仍然是极其宝贵的逃生机会。事实上,4 分钟经常改变一个人的看法。纳德·佐宁博士在《交际》一书中的观点是,陌生人之间接触的头 4 分钟是至关重要的。他在书中对有举建立新的友谊的朋友说:"当你在社交场合中遇到陌生人,你应把注意力集中在他身上 4 分钟。很多人的生活将因这 4 分钟而改变。"对丈夫和妻子、父母和孩子来说,问题常常产生在他们长期间分别后相聚的头 4 分钟。

4 分钟能做什么? 回答一定是非常有趣的:

早晨为了可以多睐一会儿,你可以用 4 分钟梳妆完毕;

4 分钟足可以给自己做一个当天的安排;

4 分钟可以浏览一份当天的报纸;

4 分钟可以上网下载自己当天需要的资料;

你也可以在百忙中抽出 4 分钟让自己休息一下;

……

同样,我们还可以把 4 分钟作为一种资源,累积起来。这样即使是很短的一小段时间,也可以通过不断的积累进而形成非常有价值的一大段时间。

想想看,假如每个工作日可以节省下 4 分钟,那么对于每天都要做的事情来说,省下的时间加起来就是每年 14 个多小时。这已经接近两个工作日的时间了,这多出来的两个工作日足以使我们对此事认真地考虑:你会用这额外的两个工作日做些什么? 当然,这是一段非常有价值的时间,假如我们真的可以得到这额外的两天时间,绝大多数人都可能把计划要做的好几件事做完。或许我们也可以用这两天的时间,带着家人到郊外进行一个快乐的短期旅行,实现你很久以前对他们的承诺。

　　节省时间并不是一件特别困难的事情，只是我们对单独节省下来的每一小段时间都看得无关紧要。我们总是想要一段没有任何干扰的整整 1 个小时或者整整一天的时间，我们往往不知道在这儿或在那儿省下的几分钟时间到底有多重要。然而，这种短暂的时刻可以累加起来，积少成多。

　　积少成多，水滴石穿。不经意中节省下来的零零星星的时间，往往成为成功者成功的秘诀。

第八章

怎样做才能让时间增值

我们常常幻想,如果一天能再多几个小时多好,如此自己就能如何如何。可是,在现实中,每个人的一天都只有24小时,不管是成功的人,还是正在奋斗中的人,谁也不会多出1分钟。但是,在同样的24小时,每个人的过法都不同。有限的时间也可以增值,你相信吗?

01 缩短离工作地点的距离

合理安排时间,就等于节约时间。

——英国哲学家 培根

下班了,你禁不住又要叹息:"又要打仗了,坐公交车就像打仗一样,挤得要命,还不知道会堵到什么时候。"于是,你的同事纷纷围在你的周围,倾吐坐车的苦楚,恨不得自己的家就在公司边儿上。你是不是每天筋疲力尽地奔波在上下班的路上,以至于花在路上的时间成了你的一块心病? 你是不是渴望着离公司近一点,免去奔波之苦呢? 有个住在远郊的同事说,天天开车上班,先走高速,然后走五环,再过四环,过三环,每天用在路上的时间至少90分钟,还得不堵车。这样的事情无处不在,上班路远,堵车,不知道浪费你多少时间。所以,对于上班族的你,就不得不考虑以下问题:

·居住地的选择

如果你有了钱,是不是也会选择在远郊区买个大房子呢? 前车之鉴,千万别这么做。杨先生前两年薪水有了大幅度的提高,为了改善居住条件,四处看房。以他当时的经济状况,可以在市区买套61平方米左右的房子,可花同样的钱,在郊区不仅可以买到一套100多平方米的房子,余下的钱还可以买辆车。经过一番考察,杨先生终于定下了他的房子。不久,搬进新家的喜悦便被上班的烦恼所取代。原来在市区住的时候,他只要坐半个小时的公交车就可以到公司了。现在虽然住上了大房子,开上了私家车,可是,起床的时间却比以前提前了一个半小时! 在市区住的时候,他通常7点钟起床,还有时间吃早餐,锻炼,到公司还有几分钟整理桌子,想想一天要做的工作,一点都不感到紧张。现在却不同了。每天天不

亮就要起床,6点10分以前必须出门,否则不是路上堵得一塌糊涂,就是到公司后找不到停车位。他现在真想卖了那房子,搬到离公司近点儿,哪怕房子小点儿的房子去住。

如果你不能买房子,那么租房也是个大问题。位置的不同,房租的价格会有较大的差异。到郊区花1000元租房子,还是在交通方便的市区花3000元租房子?可能很多人会选择郊区。毕竟房租差了一倍多呢。那么,我们来计算一下用在交通上的时间和金钱的成本吧。住在交通方便的地方,用半个小时或40分钟可以到公司,公交车费是两元左右。如果在郊区,因为担心堵车,你必须早起,路上至少要用去一个半小时的时间,车费也要相应的增加。长时间待在公交车上,到公司,可能已被晃得头晕脑涨了。长此下去,对健康也是极为不利的。

·交通工具的选择

那天早上,小张到办公室的时候,将近10点了。她对主管说:"实在不好意思,没想到,堵车了。"小张的家,离公司不算很远,但也算不上近。坐公交车,1元钱就可以到公司;坐地铁,就要3元。她总是很准时地在7点半坐上那班可以到公司的公交车,偶尔的堵车,也不会很久。但那天早上,竟然堵了1个多小时。"堵在高速路上,前不着村后不着店啊,我决定

167

以后还是坐地铁上班了,多花点钱,但可以保证不迟到。"

在上班的路上,会有很多意料之外的事情发生,比如堵车。上班选择快速、便捷的交通工具最重要。像小张那样,为了省2元钱,结果迟到了将近1个小时,真是得不偿失啊。

如果你是开车上班,与别人的车发生刮蹭怎么办?如果问题不严重,就没有必要停下来理论。这不仅浪费你的时间,还有可能造成堵车,浪费大家的时间。如果对方一定要和你理论,你不妨和他讲明道理,没有哪个人会为了车子上的一条划痕愿意在马路上和人争吵不休的。

想来想去,居住地还真是个大问题呀。为了节省时间,好好工作,享受生活,还是尽量选择离工作地点近一些的地方吧。你会发现,没有了路上的众多烦恼,工作生活都会变得轻松一些。

02 高睡眠质量,使时间延长

少年易老学难成,一寸光阴不可轻。未觉池塘春草梦,阶前梧叶已秋声。

——宋 朱熹 《偶成》

我们在读名人传记的时候会发现,很多名人一天只睡三四个小时,却能保持充沛的精力。但是,对你来说,可能八九个小时都睡不醒。我们有什么办法减少睡眠的时间,而又不会觉得疲倦呢?关键在于睡眠的质量。

例如,以前你是想几点睡就几点睡,有时八九点钟,你觉得无事可做,便上床睡觉了,可是你躺在那里,根本无法入睡。脑子里说着睡吧睡吧,眼睛却还神光炯炯。结果第二天,还是觉得没睡够,昏昏沉沉的。或者晚上无休止地看电视,那个连续剧对你来说太有吸引力了,直到凌晨你还舍不得关掉电视。睡梦里全是剧情,头晕脑涨的结果便在所难免了。一边打哈欠一边工作,只希望这一天赶快结束,工作的效果可想而知。

睡眠不足不仅危害健康,还可能影响个人事业,并危及他人利益。据德国《经济周刊》日前报道,缺乏睡眠会扰乱人体的激素分泌。若长期每天睡眠不足 4 小时,人的抵抗力会下降,还会加速衰老、增加体重。

缺少睡眠还会降低人的满足感。美国佛罗里达大学管理学教授蒂莫西·贾奇 2006 年曾记录睡眠不足是如何令人们厌恶工作的。结果表明,人们对上司的厌恶感随睡眠时间的减少而增加,睡眠不足还可能导致他们厌恶工作。

睡眠不足还会对人的情绪造成干扰,使人变得沮丧、易怒、焦虑,与别人易发生摩擦,同事会觉得你难处,家人会觉得你喜怒无常。

而充足的睡眠却会使人聪明。许多人认为贪睡的人比较笨,但最新研究所证明的恰恰相反:贪睡的人在深度睡眠中能加深对所学知识的长期记忆。人在夜晚入睡前的学习效率最高。

试着让自己的睡觉时间变得有规律,如果你规定每晚 11 点睡觉,一定要坚持下去。慢慢地形成习惯,很快就能入睡。所以,建议你:

·睡觉前一两个小时不洗澡,不做剧烈运动,不听喧闹的音乐,不与别人争论等。这样可以降低你体内的温度,有利于进入睡眠状态,当然也不能喝酒,因为酒会提高你的体内温度,从而造成失眠,这和吃完火锅不易入睡的道理是一样的。

·睡觉前 1 小时停止使用电脑、看电视、听广播、看武侠小说,抑制神经系统的兴奋,尤其是不要上网或写邮件,保证睡前最大限度地不让自己兴奋。

·定出自己早起的时间。比如说,你一天睡够 7 个小时,可以保证 1 天的头脑清醒,如果你在 11 点睡觉,早上 6 点应该准时起床。早上 6 点听起来可能有点早,但是,对你来说,确实是睡够了 7 个小时了。开始时你可能无法做到,总想在床上多赖一会儿。想要准时起床也很容易做到,只要一只准时响铃的闹钟就可以了。

·如果你 9 点钟才上班,你在路上的时间需要 1 个小时,6 点到 8 点之间,就有两个小时供你利用!这样看来,你的一天,岂不是多出了两个小时!你可以用这两个小时,一边欣赏音乐,一边享受早餐;想想今天将要做的事,或者做运动。

·给自己一个舒适的房间。卧室一定要布置得舒适安静,睡觉的地方就是睡觉的地方。有些人喜欢在卧室里看电视,或者将电脑放在卧室,这都会影响人的睡眠。试着将电话从卧室拿走,以免有人在半夜错打电话让你受到惊扰以至于在剩下的时间无法入睡。如果你的卧室临近马路,试着用厚重的窗隔开外面的喧闹。如果可能的话,再给自己来点舒缓的音乐,淡淡的香薰。这样入睡,说不定还会做个好梦呢。

03 充足、舒适、灵活地度过午休时间

生命是以时间为单位的,浪费别人的时间等于谋财害命;浪费自己的时间,等于慢性自杀。

——中国文学家 鲁迅

你是否也有过这样的感觉:到了下午,觉得很累,脑子似乎也不够用了,做事的效率变得很低。很多中国人都有午睡的习惯,这的确是对人的身心进行调整的好办法。从早上6点起床,9点开始工作,12点午餐。不知不觉,你已经活动了6个小时!大脑和身体都需要补充能量。为了消除疲劳,恢复精力,你确实是需要午睡的。

上午,人的精力总是比较旺盛的,这是因为经过了一夜休息,内部机能获得了休整,前一天的疲劳消失了。但是一个上午工作或学习以后,由于体力和脑力的高度集中和紧张,新的疲劳又产生了,并且人体内的热量也有很大地消耗,这时候生理机能除了要求补偿消耗掉的热量外,也要求能够适当地消除疲劳,恢复体力,以便下午更好地进行工作和学习。中午

小睡一会儿,就能达到这个目的,尤其是在夏天,午睡的好处那就很明显。

夏季正午时分,烈日当头,太阳像火球一样的灼热,周围环境气温高,皮肤的血管也更容易扩张,血液大量集中于皮肤,引起体内血液分配不平衡,尤其是脑子方面的血液减少,有可能会发生一时性的脑贫血现象,人就提不起精神来,昏昏欲睡。夏天昼长夜短,天又热,人们一般都比其他季节睡得晚,起得早,充足的睡眠就更难保证了,人到中午也更困乏不堪,

当人睡着时,不但大脑皮质的神经细胞受到保护抑制,得到休息,同时身体各部分也得到一个全面的休息,全身肌肉松弛了,因活动而消耗的体力就可以逐渐恢复过来,身体内的各种器官就可以平静地更有规律地工作。

我的同事今年已经 60 岁了,是公司特聘的技术主管,和年轻人相比,他的精力一点不差,而且生活极有规律。每天午餐过后,他会和同事闲聊会儿,然后,拿出自己备好的床垫,躺下午睡。等他醒来的时候,甚至比年轻人还精神,工作效率很高。有时,我们会问他:"王老师,您不累吗? 我都觉得一到下午就没精神了。"他就会说:"那你们就学学我,中午好好睡上一觉,别老趴在电脑上。"于是,大家效仿,开始不习惯,慢慢地,都尝到了午睡的甜头,现在,我们公司中午睡午觉竟成了一大风景。

有人说,一天工作的成功与否,决定于"如何度过午休时间",看来真

不假。

建议公司职员在制订午休计划时应该注意以下三点：

·吃好午饭。为了保证下午精力充沛，应该保证午饭营养均衡并含有足够的热量，白领女性们万万不可因为减肥而减少必要的食物。

·在公司食堂里和同事闲谈，边吃营养丰富的午餐，边交换信息、放松心情，可以满足充分休息。不要匆匆忙忙地吃完午饭就立即开始工作，那样会造成消化不良，影响健康。

·灵活运用午休时间。吃完午饭后，在属于自己的时间内安排自己喜欢的活动。你可以在吃完饭后，站上 20 分钟，然后再午睡。也可以到外面去散散步，呼吸呼吸新鲜空气；附近有商店超市或者书店就更好了，到那里逛一会儿，也不错哦。但一定要想着，提前回公司，好让自己有午睡的时间，即便你睡不着，闭上眼睛，休息休息大脑和眼睛也很必要的。

·有些事情是不可以在午休时间做的：上网、收发邮件——工作时用眼过多的人应该尽量在午休时间放松眼睛。午休时间只有不到 1 小时，即使急急忙忙地一起吃饭，也不能喝酒，只能进行一些肤浅的谈话，不能了解对方真实的想法和真正面目，在这种场合下大概很难萌发爱慕之情。

"午休时间"和"早晨上班前的时间"一样，是"要确保留给自己的神圣时间"。在 1 个月的时间里如果我们工作 20 天，那么也要计划好在这 20 天，自己能拥有多少时间，有了计划，你就不会感觉那么心神疲惫了。

04　提高打字的速度

不管饕餮的时间怎样吞噬着一切，我们要在这一息尚存的时候，努力博取我们的声誉，使时间的镰刀不能伤害我们。

——英国剧作家　莎士比亚

现代社会,对于在办公室工作的人来说几乎离不开打字。我们已经习惯于坐在电脑前,通过键盘工作,或者与人交流了。也许你的打字速度很慢,或者不习惯用键盘造字,但如果你的写作量非常大,加快打字速度并习惯在键盘上写作,会大大地提高你的工作效率,为你节省下大量的时间;而且还可以消除修改带来的烦恼,在电脑上不必使用涂改液,也不必担心纸张的空间不够用。

有的人打字可能还要看着键盘,一下一下地敲,然后再选出自己要用的字,对他们来说,打字真的是一项极难的事情。想要通过电脑和对方交流,迅速地来讲明白某件事情,这样的速度简直令人发疯。建议你花一些时间来练习打字。

如果你每分钟只能打出 40 个字,通过练习,一分钟可以打 80 个字,想想看,以前要想和对方说明白一件事情,你要花上 5 分钟,而现在,由于打字速度的提高,你只需 3 分钟便可完成! 一份两千字的文件,以前的速度,你要用上 50 分钟才能完成,而现在,你只需 25 五分钟便可做完。无形之中,你又有了多一点的时间!

那就下决心好好练练打字吧,还是那个老道理:"磨刀不误砍柴工。"想想看,你不用看键盘,十指在键盘上灵动翻飞,脑子里的想法顷刻间就写了出来,用打印机打出来,那效率该有多高啊,不是说了,"效率就是时间",时刻都可以体现出来啊。

05　加快阅读的速度

与其花时间和精力去凿许多浅井,不如花同样时间和精力去凿一口深井。

——谚语

你一年的8760小时

因为个人习惯不同,职业习惯不同,看书速度也会有很大的差异。一般来说,学文科的人普遍阅读速度较快,但是,如果遇到那种逻辑性很强,需要慢慢去思考的文章,读得太快就不易看懂了;反之,学理科的人看书速度较慢,连看报纸也像看科技文章一样缓慢,更不要说看文学作品了。时间有限,读书速度太慢,这是一件很矛盾的事。

在这个多元化的社会中,一个人必须拥有各种各样的知识,而只有在最短的时间内阅读和浏览更多的信息或资料,你才能跟得上这个社会发展的速度。

正如提高打字速度一样,提高阅读的速度也会让你有更多的时间。拿到一本书,或者在网上看新闻,你是逐字逐句地读,还是"浏览"。我们要了解一本书的内容或是一篇新闻的内容,实在是没有必要每个字都看到。我们不是在搞专项的研究,可能一字之差就会造成大麻烦,我们只想知道那本书写了些什么,新闻中报道的是件什么事情。看一下大标题,便可略知一二。对于里面的文字,更可一目十行,迅速找出重要的字眼,看到关键的部分。一篇新闻,逐字地看,你可能要10分钟才能读完,如果"浏览"的话,可能只要3分钟就能看完。就这一点来说,自己的1天,又多出来一些!

如果你想看一本有分量的书,比如那本诺贝尔奖得主的小说《我的名字叫红》,那你就买一本来,放在书包里,只要有时间,随时拿出来,看上几页,吸引你的是情节,你不用字斟句酌,也能很快抓住小说的风格,加快阅读速度就可以了。

当然,读书一定要有选择性。在今天这个"信息爆炸"的时代,每天都有大量的信息像泛滥的洪水一样涌入我们的生活,我们不得不为此耗费大量的时间和精力去过滤和筛选,造成了我们精神的压抑和身体的不适。图书出版领域,也存在着这样的弊病。在桌面排版软件普及的今天,人们可以很轻易地写作、排版并出版自己的书,这种现象所产生的结果便是书越来越多,但并非每本书都是好书,都有阅读价值。因此,我们在读书时要认真地辨别书籍的品味和质量,尽量选择好书来读。读一本好书,就是同高尚的人谈话。在忙碌的时代,抽出宝贵的时间去读书,多么珍贵,要读好书啊。

顺便再说一句,如果你有阅读的爱好,一定多看点时尚的书哦,那将代表你这个人对时代非常敏感,喜欢接受新事物,就算你已经50岁了,人们也不会认为你不再年轻了,你会成为一个不易被时代所淘汰的人。

06　智能手机也可以帮你学习

复杂的劳动包含着需要耗费或多或少的辛劳、时间和金钱去获得的技巧和知识的运用。

——革命导师　恩格斯

现代科技最大限度地为人们的生活提供了便利,使人们可以通过各种方式获得知识,或者娱乐。比如,现在几乎每个人都拥有智能手机。它可以成为你学习的好帮手,尤其是对于语言学习。你可以将智能手机锁定在英语广播节目上,对于上班族来说,这是提高英语听力再好不过的方法了。听听英文歌曲很陶醉吧? 听听英语的新闻广播,也可以扩大你的视野,帮助你了解更多的信息。可以在上下班的路上听,也可以在工作的间隙听。即便你乘坐的公交车很拥挤,对别人也不会有丝毫的影响,而你尽可以听你想听的东西。

我的一个同事,借助这样的方法,通过了英语四级考试。她说:"开始的时候,基本上听不懂英语新闻说的内容,只能听出一些自己非常熟悉的单词。慢慢地,一些简单的句子能听懂了,后来,便能完全听懂了。听的时候,在心里默想着这个词该怎么写,通过这种方法,词汇量也增加了很多。而这些时间完全是你自己找到的。"

07 互联网为你节省时间

勿谓寸阴短,既过难再获。勿谓一丝微,既绍难再白。

——清 朱经

在历史长河中,人类制造和发明了各种各样的工具,使人类的生活和工作变得更加便利,当然人类由此也节省了更多的时间。所以,聪明的人都很善于利用工具。

如今,我们已然进入信息时代,互联网为我们提供了一个几乎含有无限信息的信息源,一个可以快速进入,而且一旦掌握就很容易进入的信息源。比如,以前你可能是通过寄信索要某公司的年度报告来了解该公司的情况,而现在你可以在该公司的网站上一字不差地看到这个报告,而且可以深入挖掘更具体或者更新的信息。你不用离开你的办公桌,就可以用最低的成本最少的时间最便利地获得你想要得到的信息。

互联网已经成为人们工作和生活中必不可少的重要工具。我们的生活离不开网络,尤其是年轻的一代。用好网络资源,可以为你节省大量的时间。我们可以一边工作,一边收听网络电台,接受各种资讯。比如你想买吉列的剃须产品,你不必再跑到商店去,你完全可以在购物网站上完成。你想买书,你可以在工作的间隙在网上完成你的订单,约定收货的时间和地点,商家会把你需要的商品送到你的手中。你也不用再跑到电话局去交你的电话费,为了还房贷每月去银行,可能你离电话局或你贷款的那家银行有一个多小时的车程呢。而这些,你都可以利用网络来完成。

互联网不仅极大地方便了人们的生活,也使人们的工作效率大大地提高了。使用互联网,可以方便、快捷地搜索资料、查看信息、收发电子邮件、通过聊天工具沟通信息等。如果你善加利用,互联网还可以在更深层

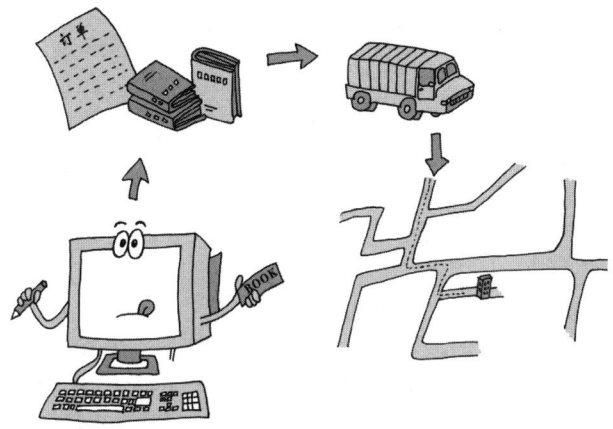

次上使我们在工作中获得主动,能够让我们把工作做得更出色,取得令人刮目相看的成绩。这也等于是为你节省了工作时间,使你提升的速度大大加快。

利用互联网,还使得工作范围大大地拓宽了,工作方式变得更加灵活了。所以要想成为好的员工,必须学会工作策略网络化,也就是利用网络提高自己的工作效率和工作效果。因为在工作中,每个人每天都会遇到很多自己不擅长,甚至不懂的工作。这时就需要求助于网络,以很好地解决问题。

学美术的大学毕业生小史刚刚来到一家策划公司,第一天就奉命为一家出版社做一个封面的设计文案,而且要求他两天内拿出初步方案。他刚加入到这一行,对书封的设计还不是太敏感。好在他对网络非常熟悉。最初,他带着问题,迅速浏览所有的图书网页,把时下畅销的图书都看了一遍。他的外语很好,他通过浏览国外的图书网站,把外版书的设计元素,很好地应用到了他的设计中,使他的设计方案取得了意想不到的效果。上司一看,便觉得眼前一亮,对小史大加赞赏。出版社也非常满意。"我坐在一台电脑前,就可以看到很多图书,而上书店去看,我的时间显然是不够的。特别是看外版的图书,更便捷。我获取的信息又快,又多。"小史这样总结自己的经验。

凭着这个策划方案小史很快赢得了上司的器重,再加上自己的不懈努力,他很快就被提拔为设计部主管,成为公司里晋升最快的员工。

电子邮件也已经成为我们办公的一种手段,有时,公司会议精神、公司重大事项的发布、公司员工之间的往来,都会通过电子邮件的方式告知。这样,既节省了发送文件所需的纸张,也节省了人力和时间,因而也受到了广泛的欢迎。

互联网为我们最大限度地获取信息提供了可能,我们可以通过它进行情感交流、信息沟通、业务洽谈、资料搜索等。然而,有人却称它是魔鬼,是肮脏的传播者,是真实生活的替代品,是令人上瘾的毒品。因为它是一把"双刃剑":对一些人来说,它可能会成为与人沟通的一种补充形式,甚至进而取代与人面对面的交谈,因为"虚拟关系"已经成了生活中的事实;而对另一些人来说,它成了他们逃避现实的方式和宣泄不满、愤怒的工具。当一些居心不良者发泄不满和愤怒情绪时,他们就在网上制造混乱,发布各种不良信息,同时,一些商家为了追求自身利益,也会制造和发布各种严重扰乱网络秩序的各类信息。就这样,互联网在为人们带来便利的同时,也给人们制造了大量麻烦。一旦你使用不当,那些大量的有害信息就会像洪水一样将你淹没,让你白白浪费时间和精力。所以,在享受互联网带来的种种便利的同时,我们要学会应付信息过剩。一般来说,那些过期的信息不必太多关注;而且你要学会筛查信息。我有个朋友是新闻记者,对网上信息的来源以及真实性非常警觉。看到一张图片,一段文字,一句话,他必追查出处、日期,直到他认为比较可信为止。

08 一段时间多种使用

天可补,海可填,南山可移。日月既往,不可复追。

——清 曾国藩

在今天这个繁忙的时代,无论怎样合理安排时间,怎样遵守时间,都有可能出现一些计划以外的事情,使你无暇顾及,时间不够用成为你的切肤之痛。解决问题的最后一张王牌是"一段时间多种使用法"。

在上下班的电车中读书看报,了解最新资讯,阅读最畅销书;在出差的途中一边欣赏沿途的景色,一边发短信和朋友联络感情;在停靠的车站不忘下车买点当地特色小吃,等等,这些都是把工作和自我放松结合在一起的有效利用时间的方法。

法国哲学家卢梭有一个爱好,在田野中一边散步一边思考问题。在他颠沛流离的晚年,甚至将一本小书就命名为《一个孤独漫步者的遐想》,那是 10 篇散步随笔。

一段时间多种使用,可以同时增进身体和大脑的健康。在食堂吃午饭时和同桌的前辈聊天,可以了解他们曾经历的时代,他们那代人的想法和做事方式,和年轻人聊天,能让年岁大些的人感受到青春的活力,获得时尚的信息;开车、做家务或者学习时聆听音乐或新闻,也可以有不少收获,这些都是一段时间多种使用的方法。

如果你是个有情调的人,你也可以选择约会时开车到郊外兜风,一边在只有两个人的空间里听音乐和聊天,一边可以从一个地方移动到另一个地方,尽情地欣赏身边美景。一周工作的疲劳也随之消散了。

但是,在现代社会中不可缺少的电脑和手机却不太适用于这种复线型时间运用法。

我们可以一边看电视一边看报纸,但是在操作电脑的时候,只能一心一用,眼睛盯着屏幕,脑子里想着问题不大可能。走路时可以边欣赏风景,边思考问题、整理思路,可是如果只是抱着手机没完没了地聊天,则只会浪费时间,还忽略了身边美好的东西。如果不幸发生交通事故,给自己造成不可挽回的损伤,从此再也没有机会利用好不容易得来的"人生时间"。

在工作时利用公司的电脑和电话打游戏、聊天或者进行与工作无关的副业等,则更令人无法忍受。所以,一段时间多种使用法的前提应该是不影响工作,不打扰他人。

09 兼职,为了生活得更好

不要为已消尽之年华叹息,必须正视匆匆溜走的时光。

——德国剧作家 布莱希特

毫无疑问,我们正处在一个竞争的社会,生存的压力越来越大,我们希望在有限的时间里做更多的事,赚更多的钱,让我们今天的生活更富裕;也想积攒更多的钱,让我们未来的生活有保障。于是,在八小时的本职工作外从事打工等副业的人越来越多了。白天在公司上班,晚上和周末做各种各样的兼职。于是,这些人就成了真正的大忙人。

谁都不会怀疑兼职工作确实给我们的生活带来了一些改变。收入多了,生活条件改善了,包里的钱多了,做人的底气也足了。但是,兼职工作毕竟是在八小时之外,而这个时间通常应该是我们享受生活的时候,那么一个重要的问题就是,如何安排好自己的时间。

我在做兼职编辑的 5 年时间里,认真地制订了自己的时间利用法。

·区分出"公司的工作"和"兼职工作"。在公司里绝不做私活,不让兼职工作影响了正常的工作。

·在工作的 8 小时内,尽量提高工作效率,在周一至周五每天晚上下班前完成公司里的工作。

·确保"平时晚上 6 点以后"和"双休日"是"神圣不可侵犯的个人时间"。

不过,尽管我计划得十分具体,但平日里也可能突然要加班或者与同事、朋友聚会,这时就需要及时调整晚上的计划,灵活运用加班或聚会的时间收集素材,然后在自己可以控制的时间里进行编辑工作。

· 做兼职工作是为了使自己和家人的生活过得更好,那么,绝不可以省略和家人、朋友、恋人交流的时间。每天晚上都要留出一点时间与他们交流,比如晚餐的时间可以延长,与家人进行交流。不要匆匆吃完了,就拿起稿子闷头去看。

· 双休日一定要拿出一天和他们在一起,既增进交流,也让自己好好放松一下,享受人生乐趣。

· 黄金周里,一定和他们进行几次短期旅行,充分享受假期。

人并不是只为了工作而生活,而且,人不可能独自生存在这个世界上。工作和挣钱都只是手段,生活、好好地生活才是人生的终极意义。

10　八小时外做什么

三更灯火五更鸡,正是男儿读书时。黑发不知勤学早,白首方悔读书迟。

——唐　颜真卿

对于上班族来说,兼职可以说是创造财富的最好方法。不要小看兼职,它也能够为你捧出个金饭碗。下面为你提供一些消息,希望能使你打开思路,找到一条让自己轻松致富的捷径。

· 兼职信息员

如果你上网方便,做兼职信息员是一个不错的赚钱方式。焦先生是一家公司的经理助理,一个月两千多块钱的工资,和几乎所有的年轻人一样,无可奈何地成为月光族中的一员。偶然的机会,他在网上搜索资料时,发现一家做资料数据的公司招聘兼职信息员。焦先生抱着试试的态度,在那家网站上进行了注册,下班后上网搜索相关的资料,把自己的信息提交到那家网站。结果,焦先生被选中,此后每个月,焦先生的银行卡上都会收到将近1000元的转账。

对于焦先生或者更多像他那样的年轻人来说,兼职信息员是很方便的,不需要什么成本,风险较小,只需有一台能上网的电脑即可。只要有对相关信息的敏感度,就能工作。很多以建立信息库、向用户提供信息为经营业务的公司,他们信息的获取,全部或部分就是依赖兼职信息员。利用兼职信息员,可以节省人员、办公场地等方面的开支,而信息的质量和数量,也不会因此有所下降。唯一的风险是,对方不够诚信,不付给你钱,让你损失掉部分时间。所以在做这项工作时,你也要有足够的心理准备。

· 网页制作或图片处理

小旋大学毕业后到一家网站做美编，一个月四五千的收入比上不足比下有余，他一度对自己的生活很满意。美编是他喜欢的工作，下班后和朋友一起泡泡吧，吃吃饭，周末跟着一帮朋友到郊区来个农家游，日子过得很轻松。这样潇洒的生活维持了两三年，小旋要结婚了，买了房子，便背上了沉重的债务。有朋友建议他利用自己的特长，兼职做网页。小旋将自家的书房变成一个小小的工作室，四处招揽生意。恰好他一个朋友的公司要做个网站，小旋接下了这个活儿，成功地赚到了3000多元钱。现在，小旋的兼职做得有声有色，他和几个志趣相投的朋友还注册了一家公司，专门为中小企业制作网站。小旋负责网页制作，另外的朋友找业务，写程序，他的美编工作一点也没耽误。

现在不少人都在做这项兼职工作。做网页不需要很大的投入，一台配置比较好的计算机即可。关键在于你要有过硬的技术，有足够的想象力和审美能力，做出来的页面能吸引人的眼球。互联网作为媒体的第三势力，越来越被企业重视。几乎每个企业都有自己的网站，以便在网上宣传自己的公司和产品。而搜索引擎的强大功能，可以让人们在网上找到任何一家拥有自己域名的公司。所以，兼职做网页设计，实在是个不错的选择。

- **模特经纪人**

阿雪很有语言天赋，毕业于外语学院的她能够流利地讲三种语言。毕业后，她顺利地进入一家文化公司做翻译。这家公司的主要业务是模特经纪，很多不太知名的化妆品厂商和内衣制造商所用的模特都是她所在的公司提供的。因为工作关系，她认识了一些需要外国模特的公司，有些模特也希望通过她的介绍拍广告。阿雪充分利用自己手中的资源和语言优势，成了业余的模特经纪人。每介绍成一笔业务，厂商和模特都会给她一定报酬。

像阿雪这样，做兼职的模特经纪人，一笔业务可以两边抽取佣金，一个月下来，收入是相当可观的。但是一定要注意，前提是不能损害了公司的利益。现在，有很多公司需要模特拍广告宣传自己的产品，又出不起大价钱请"名人"。而一些国外的留学生或是不大出名的模特，也想挣钱，但是由于语言和环境所限,也需要阿雪这样的中间人。真是时势成就人才啊。

·抄写校对或兼职翻译

我们上大学的时候可能给一些做投递广告的公司抄过信封,上班了,抄写不妨还作为你的一项业余职业。下班回家,两三个小时能轻松地写好两百只信封。如果你的文字功底比较强,还可以做校对。如果你精通一门外语,也可以做兼职翻译。收入虽说不是太多,攒到一起也是一笔不小的数目。如果你拿着这笔钱,与家人去一趟京郊民俗旅游不是挺好吗?

不过,抄写、校对或兼职翻译,需要你有足够的耐心,能够"坐"得住。而且,你还要有足够的知识储备,如果你是个书痴,那做兼职校对那真是不错的选择呢。

·兼职会计

小宁是一家合资公司的财务主管。他的朋友阿荣自己创业,开了一家生产健身器材的工厂。阿荣没有专职会计,就请小宁给他帮忙。在周末的时候做一次账,月末再跑跑税务局,一个月给他500元跑腿费。一个小工厂的账务,没有那么复杂,小宁做起来轻车熟路。由此得到启发,他又找了两家小公司做兼职会计,工资少则500元,多则1000元。现如今,小宁一个月的兼职收入有两三千元。

在这个人人都想做老板的年代,大大小小的公司数不胜数。很多做老板的人,并不懂得财务方面的知识,尤其是一些刚刚起步的公司,由于资金和业务量的原因,在财务上更倾向于请兼职会计。如果你的会计水平达到一定的要求,八小时之外做兼职,收入也不少。

·彩绘

阿澜到公司上班的时候,同事看到她穿的牛仔裤,上面的图案很新颖,便问她在哪里买的,她说是自己画的。以后,便不断地看到她穿着画有各种不同图案的衣服来上班。色彩斑斓的长裙,开着艳丽花朵的上衣,仿旧的牛仔装,一朵儿花儿一棵草,显出别样的风情。阿澜说,这都是闲着没事儿的时候自己在家里画的。一个周末,阿澜穿着自己彩绘的长裙在王府井闲逛的时候,一位女士看上了她的裙子,阿澜告诉她是自己画的,这位女士非常欣赏,给了她一张名片,说自己是做服装生意的,如果阿澜愿意,可以在她卖的服装上作画,画完一件衣服,给阿澜 50 元的报酬。阿澜做梦也没有想到,自己的这小小才艺,会为她带来这么好的运气。

现代人追求时尚和个性。就穿衣来说,谁也不愿意穿着和别人同样款式的衣服。而衣服上的彩绘,每一件都不同,而且你还可以要求画上自己喜欢的图案。彩绘图案的服装,正是时下流行的元素之一。如果你也有这门技艺,它不仅能让你八小时之外的生活丰富多彩,也能给你丰厚的收入。

其实,可以做兼职的工作很多,除了我们前面提到的那些,还有像摄影、家教、兼职撰稿人、产品代理商、软件开发,等等。但是,并不是人人都可以做兼职的。选择兼职的时候,最好是自己感兴趣的、擅长的,或者与自己的工作经历和经验相关的。如果兼职不是自己所擅长的,那将会令你感到痛苦。在兼职的过程中,可能会与你的本职工作产生一些冲突,首先要保证不影响自己的本职工作,更不能为了兼职编造理由请假。一定要分清主次,本职工作才是最重要的。兼职与本职工作出现冲突时,一定要懂得如何去平衡。

兼职还要保证自己有足够的业余时间。兼职是在做好本职工作的前提下开拓的另一片疆土,如果你的本职工作已经让你忙得不亦乐乎,还是不要去做兼职的好。俗话说,鱼与熊掌不可兼得,否则可能是兼职没有做好,反倒丢了本来的工作,落个竹篮打水一场空。

第九章

别做施舍时间的"活雷锋"

我们需要一天到晚关心别人吗？对他们的喋喋不休，你有耐心一直听下去吗？或者有人对你说："麻烦你，我现在有些事情，可是我不大明白，你能帮我完成吗？"好像你的工作不忙，你的时间很多似的。我们一定要牢记：不做施舍时间的好人。时间是你最宝贵的财富，一旦失去，永远也找不回来。

01　不是自己的工作不要去做

一年之计在于春,一日之计在于晨。

——南北朝·梁　萧绎

每个人都有自己的理想,做律师、医生、音乐家、建筑师、教授……一切美好的职业都有人在关注。可每个人的精力和能量是有限的,即便是爱迪生也不能完成这世上所有的发明,不可能看到这世上一切值得一看的东西。每个人每一刻都处于各种各样的包围中,有的时候,身不由己。

你今天要做什么? 上班,看演出,读一本书,拜访朋友,做健身……有无数种选择等着你,而更多时候,你却不得不选择去工作。因为你的时间是有限的,首要的任务还是生活啊。

到了工作中,你有很多事情要做。为上司准备一份报告,给客户回封访问信,筹划本周的工作方案……也许还有一些本来不属于你分内的工作也要你去做……

小周初到一个她心仪已久的公司,为了能在公司站稳脚跟,她不放过任何一个可以施展自己才能的机会。有同事说:"这些字好难打啊,手都疼了,才打了不到一半。"小周就会自告奋勇地拿过来帮着做。很快,小周就将那篇文档完成了。同事很高兴地说:"谢谢,你打字的速度可真快啊。"小周很开心。不久,小周是个打字高手的消息便在公司传开了。于是,很多不愿打字的同事都找她帮忙,让她帮着把手写的文档录入计算机。她简直成了公司不拿钱的兼职录入员。

渐渐地,让她帮忙打字成了大家的习惯。同事找她打字,似乎是理所

应当的事,连声谢谢也不说了。把文件放在她桌子说一句:"帮我把这个打一下,存到本地服务器我的文件夹里,过一会儿我发给老板。"如果人不在座位上,会在她的电脑上贴个纸条,并且还要求她做完的时间!他们要求小周做的文档,不是发给客户的就是要交给老板的,一个比一个急。没办法,小周心里虽然苦恼,表面上却不好表现出来。自己的工作只好一拖再拖,加班成了家常便饭。

小周在公司的职位是产品经理助理,她只要对她的上司——那位产品经理负责,帮助产品经理完成任务即可,打字并不属于她的工作范畴,然而,因为自身的原因,打字仿佛成了她的分内工作!而她自己的工作常常会因此耽搁下来,她的经理对她很不满,她自己也不得不常常加班加点,私人时间都搅到工作里了,她的正常生活也受到了影响。

小周心里也很恼火,不知道该怎么办。其实,她现在要做的,就是学会说"不"。虽然这只是一个简单的词,但使用得当而且及时的话,它可以帮你节省很多时间，千万不能像小周那样被别人消磨掉很多时间，所以一定要坚决地说"不"。"我知道这件事对你很重要，可我现在确实很忙，抱歉，我不能帮你。"如果你愿意，还可以温和地向他介绍你正在做什么，取得对方的谅解，同事关系说不定还会更好呢。

更主要的是，要让她的同事们认识到，她在公司的职务是什么，不是自己分内的事尽量不去做。如果不下定决心的话，早晚会被自己的工作和非自己的工作压垮。

另一个例子是小徐。刚到公司的时候，他只是市场部的一个普通职员，工作尽职尽责，为市场推广达到最大的收益绞尽脑汁。不仅如此，看到其他部门的员工不努力，他也会说上几句，或者在开会的时候提出来。用句通俗的话说，他是个比较喜欢管事儿的人。老板分给他一项工作，他必定在第一时间内完成，否则，他就会寝食难安。两年之后，老板提拔他做市场部的主管。这样一来，他要管的事情就更多了。不仅仅是市场部的工作，他还会时不时地给销售部的同事提些建议，或者给技术部的同事提出技术上应该改进的地方，或者给客服人员写出一大堆的规则。他提出的要求，让某个同事做什么，如果那个同事稍有推诿，他便会不耐烦，或者干脆再找别人来做。整间办公室，似乎只有他一个人在忙着工作：不停地打电话接电话，手机铃声不断，走路一溜小跑，一会儿找这个同事做事情，一会儿又到了老板的办公室……

其他部门的主管也乐得省心，遇到需要几个部门协同完成的工作，就会说："问问徐经理吧，看他的意思。"遇有重大的决定，大家还会说："看看徐经理有没有什么意见，我们没意见。"一次，客户服务部的一个同事因为服务态度不好，客户打电话过来投诉，前台的秘书小姐将电话转到了小徐的分机上。不明所以的他，被客户劈头盖脸一通批评。小徐满腹委屈不好发作，只好去责怪秘书小姐。秘书小姐说："这事儿不是归你管吗？"此时，客服部的主管正躲在电脑后面偷着乐。他又跑去骂客服主管，客服主管说："能者多劳，你就帮兄弟多干点吧，那么多事情都做了，再多一件也无妨嘛。"

小徐忽然醒悟:他管的事情是不是太多了? 他只是市场部的主管啊,他负责的只是市场方面的事,要管的,也只是他们市场部的那几个人啊。小徐试着尽量不去管其他部门的事,对别的部门工作有什么意见,也不再直接去找某个当事人,而是找相关的部门经理。一段时间过后,小徐终于拿掉了同事们戴给他的"比老板还老板"的帽子。

每个人在工作中的角色是不同的,该干什么就干什么,否则,公司还要这些人干什么呢? 如果你的本职工作完成得很出色,还有时间帮别人做事倒也无可非议。如果完成自己工作的时间都很紧张,再去关心别人的工作,只会让你陷入忙碌的泥潭,搞不好,还会落个"费力不讨好"。分清了权责等于是为自己赢得了时间。

02　不要做"随叫随到"的人

时间是伟大的作者,她能写出未来的结局。

——英国谚语

工作中,你不仅要专注于自己的本职工作,同样还要拒绝"随叫随到"。

你正在做着你的工作,有个同事需要你帮忙:"咳,能过来一下吗? 我的电脑出毛病了,请你帮一下。"于是,你立即放下手头的工作,帮他解决困难去了。这样的事情,有了第一次就会有第二次,他会认为你是个工作不忙的人,以后,他就会大事小事都找你"帮忙"了。你担心会得罪你的同事,只好一次又一次地帮他。习惯成自然,如果哪一次你实在忙得没有功夫帮他做事,他反倒会怪你不够朋友。

而这样做对你是完全不公平的：一是你浪费了大量的自有时间，二是违心地做了大量的你自己不愿意做的事情。

不做"随叫随到"的人，就要学会拒绝。而实际上，很多人是不会"拒绝"的。这主要有两个方面的原因：

一是碍于情面，不好拒绝。一次，一位同事找我帮忙，他没有说要我帮什么忙，只是问我，有一件事要我帮忙，是我做得到的，不知道我愿不愿意帮忙？如果我愿意，他就讲，如果我不愿意，他就不讲。碍于情面，我答应了他的要求。为了这件事我花去了整整一个星期的时间，给了同事一个满意的结果，结果我自己的一大堆事务压在那里，只能够另外挤时间去处理。

二是人太老实，不善于拒绝。有时候，由于自己太诚实，尽管自己有事，告诉对方自己不能帮忙，但对方认为你的事情没有他的紧迫，结果还是没有拒绝。

这真是一件麻烦的事，那么怎样使自己从这种状态中解脱出来呢？当然还是靠自己。

当有人找你帮忙的时候，你完全可以说："我正忙着呢，你到我跟前说可以吗？"或者说："等我把手头的工作忙完好吗？"如果觉得自己的时间已经很紧张，就明确地告诉他你有很多工作要完成，现在没有时间，等有时间的时候再说。坦诚地相告，你的同事也会理解你的。

同样，你在忙着工作的时候，你的上司可能会交给你一件新的任务。因为他是你的上司，你不好拒绝，只好中断正在进行的工作。工作如果完成得不尽如人意，他还会让你不断地完善。因为你给了他这样的印象：你的工作并不忙，否则，你怎么可能那么快就完成了他交给你的工作？于是，他会不断地给你添加新的工作，不停地打电话给你："你能很快到我办公室来一下吗？""你到我办公室来一下，带上纸和笔。"你放下手中的工作，在一分钟内就到了他的办公室，出来时，你带的本子上记了满满一页！天啊，看来又要加班了，你还有很多其他的工作要做，而且有些必须是今天就要完成的！即便他是你的上司，你也要让他了解到你手中有很多要完成的工作，你并不是一个闲人！工作有轻重缓急，首先要完成那些最重要的工作。或者，你的上司打电话让你马上到他办公室的时候，你可以委婉地告诉他，让他稍等一会儿。待你手中的工作告一段落之后，再去找他不迟。

在工作中，如果你在同事或上司的眼中形成了随叫随到的印象，在工作的时候，或遇有紧急事件的时候，首先想到的是你，因为，你有时间，"干活"是理所当然的了。

对待朋友，也要拒绝"随叫随到"。

我们每个人都要有时间处理自己的私事。如果你的朋友找你逛街，你答应了，虽然你想待在家里搞卫生，但碍于朋友的面子，你只好陪他（她）逛街；朋友叫你去泡吧，你想在家看看书，但不好开罪朋友，你答应了；朋友要去见个朋友，一定要拉上你，你心中老大不愿意，却还是去了……

这样，你的朋友就会认为，你下班的时间，无所事事，陪着他们是应该的，他们甚至会在上班时打你的电话，约你下班了去做某件事！

这真是浪费时间的一大黑洞。由于我们不会拒绝，不敢拒绝，不善于拒绝，使我们浪费了许许多多宝贵的时间。一方面，由于我们不会拒绝，往往造成自己太热情，太主动，使得自己对别人的请托，对自己分外的事情，不假思索地就接受下来。结果是"种了别人的地，荒了自己的田"。

不要成为一个看起来很闲的人，多说"我好忙啊""时间总是不够用"，会让人觉得你不断地在做事。这样，他们会在心理上认定你是个忙人，从而珍惜你为他们的付出。相反，如果你是个随叫随到的人，会让人觉得你是个泛泛之辈，除非对方对你非常的了解。伟大的《智慧书》的作者葛拉西安说："要免于自己的出现，不要随意出现，这样你就会为别人所欲求并且得到很好的对待。不要在别人不要求时来，并且要在别人请时才去。"

03 别为这样的人浪费时间

与时间抗衡者面对的是一个刀枪不入的敌手。

——英国文学家 塞·约翰逊

英语中有句很经典的话：不要为那些不愿在你身上花费时间的人而浪费你的时间。原来是说，在感情上，你把他（她）当作你的整个世界，而他（她）看你，只不过是世间的一粒尘沙。对你不愿付出的人，你没有必要对她付出过多。那样，只不过是在浪费你的时间而已。可是，你又有多少时间能放在这样的事情上呢？

农夫和蛇的故事大家都听说过：好心的农夫将冻僵的蛇放入自己的怀中，用体温去温暖它，当蛇醒来后，不仅没有报答农夫的救命之恩，反而咬死了农夫！

阎女士是公司的元老级人物，对进入公司的新人，她总是很热心的"传、帮、带"，新到公司的同事对她也都很尊敬，亲切地称她阎姐。最近，公司新来了个同事小庞，阎女士同以前一样，热心地给他讲公司的历史，小庞也表现出极大的兴趣。慢慢地，小庞对她疏远了，而是加入了公司的某个小团体，天天和那群人打得火热。一年后，小庞升职为某个部门的主管，而阎女士仍是个普通的职员，虽说她是公司的元老，对老板说出的话还是有一定分量的，但阎女士自视不是那种"小人"，也从不在老板面前说其他员工的坏话。而做了主管的小庞，觉得阎女士对他已没有什么价值，开始对阎女士指手画脚，处处刁难。阎女士觉得很伤心，她想不通，自己那么热心地帮别人,怎么会落得这样的结果呢?

这只是工作中一个很普通的例子,不要认为你对他们好,为他们的进步,占用了你很多的时间,花费了你很多的心血,他们就都会对你心存感激。当他们觉得你对他们已经没有了什么"用处"的时候,就会将你远远地丢开,甚至将你当作绊脚石一脚踢开。

在报纸上曾经看到这么一个故事:一个很有钱的某制药厂的老板,最后竟然成了一名乞丐,在医院里无钱治病,靠别人的施舍度日。他曾经富甲一方,对兄弟们出手大方,帮助朋友开公司,对自己的情人有求必应。然而,在他生病的时候,情人离开了,拿走了他所有的钱财,往日前呼后拥的弟兄没了踪影,那些成了老板的朋友,也不见了。这个曾经的大老板落得这样的下场,也只能怪他自己没有认清人,情人爱的是他的钱不是他的人,所谓的兄弟朋友看重的是他的钱而不是他的友情。这样的故事,在我们的生活中比比皆是。

如果你爱的人不爱你,就赶快离开,否则只是在浪费你的时间。被你视为朋友的人,重视的只是你的财富或地位,或者只是把你当作踩踏的台阶,赶快将他从你的朋友圈中清除出去吧,不要为了他们,浪费你宝贵的时间。

04　不要让电话夺走你的时间

时间会使钢铁生锈。

——匈牙利谚语

电话的发明者亚历山大·格雷厄姆·贝尔大概不会想到如今电话竟有着如此广泛的应用。特别是无线电话的诞生,使电话摆脱了自身的束缚,使我们可以在任何地点任何时间畅所欲言……只要你愿意,只要轻轻按下呼叫键,你立即就可以和对方建立联系。

我们不得不承认,电话已经成为我们最重要的信息传输工具,如果我们离开办公室,如果我们又偶然忘记了带手机,我们会有一种深深的焦虑感和不安定感……

电话也是一个"双刃剑",它在带给我们无限便利的同时,也会变成吞噬时间的无底洞,会在不知不觉中浪费了你很多宝贵的时间。

你是不是也经历过这样的事情:

有时,你正在全力以赴地进行你的工作,忽然接到了一个久未见面的老同学的电话,你禁不住被他热烈的情绪所感染,在电话里尽情地跟他回忆起那曾经的意气风发的青春时代,挨个儿地评点每一位老同学的趣闻逸事,今天的得意失落,免不了赞叹和惋惜……当你们说得意犹未尽,上司找到你责备你占用电话太久,客户的电话打不进来;而且你在那里眉飞色舞地聊着,全然不顾身边同事的感受……这时,你才发现,你们已经聊了整整两个小时!天哪,两个小时!一上午就白白过去了。而你手上那个急着上交的计划书,才只是开了个头!你懊悔不已,但你仍然免不了还会犯同样的错误。

有时,你急切地拨通了某位生意伙伴的电话,传来的是陌生的声音,他会问你是谁?找老总什么事?你不得不报上自己姓氏名谁,该老总这才接过电话,向你一番解释,不敢直接接你的电话,是因为担心是推销员打来的。他怕他们无休无止的纠缠,浪费自己的时间影响自己的工作……于是,在这一大堆解释中,时间又过去了……

有时,你要找到一个重要的客户,可是你拨了几遍,都拨错号了,不仅耽误了你的时间,甚至影响了你的情绪。

……

工作中,生活中,你的时间不知有多少被电话夺走了。

怎样使用电话才能最大限度地节省你的时间呢?下面这些意见你不

妨参考一下:

· 请你的助手做你的挡箭牌,由他在第一时间接电话,问明对方是谁。通过简短而明确的指示,你可以迅速确定哪些是你应该为之停下手头工作的人,哪些是你要回电话的人,哪些是你不必理会的人。

· 如果你自己亲自接电话,对方正是你不想理会的人,你可以找借口,说你正忙着、在开会、正要离开办公室,等等,这不能说你是在撒谎。我认识一个公司的老板,他甚至把录音机放在桌子上,让来电话者感觉到他真的正在开会。

· 假如是推销员打来的电话,即使你只需花一分钟跟他有礼貌地会话,每周跟三位电话推销员这样通电话,一年就是两个半小时。为了节省这些时间,又不给人很无礼的印象,你要尽快地了解他们要推销什么,如果是你不需要的产品,你就尽早简单地说上一句话,快点摆脱他们:"对不起,我们对那个不感兴趣,我太忙,恐怕现在无法跟你讲话,再见。"然后,就把电话挂掉。如果你觉得跟他们说话对你会有益处的话,你可以建议对方另选时间再给你打电话。

· 如果可能,你要尽量具体地告知他人什么时候给你打电话。你可以确定地说:"请在上午 10 点之前给我打电话,10 点以后我会忙得不可开交……"

· 限定通话时间。有些人喜欢通过电话聊天,有时一聊就是一个多小时或更长。如果你没有时间可以做这样一个无聊的谈话,你要坚决地说:"对不起,五分钟后我还有一个会,我们必须抓紧时间。"

· 在你很忙的时候,请对方与你的助手联系。你可以说:"我保证把这件事向我的助手交代清楚,如果我不在这里,请一定与我的助手讲一下。"

· 把你经常使用的号码储存起来,使用自动拨号或重拨号码,节省拨号时间,或拨错号的烦恼。

· 和对方约定确定的通话时间。这样可以避免找不到人。一项研究表明,人一生中会花两年的时间回电话,一般人只有 17% 的时间能找到他们期望通话的那个人。想想这真是一件糟糕的事。

· 如果不是特别重要的事,可以让你的助手以短信息的方式告知对方。